建造出版的美麗殿堂——關於陳信元

陳義芝

一九九五年，陳信元與我幾乎同時赴香港進修。信元住在九龍廣東道一位朋友的寓所，我則每周搭飛機往返，在研究室架行軍床過夜。起初我們並不知對方行止，直到有一天在黎活仁教授家裡碰頭，信元聽我說起住處洗澡不便，夜半還有蚊子騷擾，於是邀我同往他的居所打尖。

我不記得在他那兒住了多長一段日子，但高樓光線明亮、室溫怡人，購物便利而又不受市聲干擾的好印象，一直記到現在。

信元好學，我去，他總在看書。我們從未相偕逛過街，多半小聊一陣子，然後各忙各的。我記得他那時手頭就有兩岸文化交流的大案子在做，有人脈、有眼光、有實地經驗，早已是大陸文學與出版研究的專家。他不太認同港大那一套寫論文的規定，原因是他自有一套信實的研究方法。如果知道信元年輕時走的路、他的底蘊，對他後來拂袖離開香港就不會感到訝異。

其時，他早歲所寫的《從台灣看大陸當代文學》、《中國現代散文初探》已有口碑，他歷任的主編、策畫、發行人職務，更襯現了他在文學源流、出版探索方面的寬闊眼界，多拿一個學位、少拿一個學位，對他的案頭工程不會有什麼影響。談起專業著述，在謙抑中流露一絲狂氣，說到議題推動，在圓熟積極中則仍保有一顆狷者之心。

學生時代的陳信元寫過詩、散文，與小說，顯然是一感性充沛的創作青年。成就他學者的知性思維，大約是後天自我鍛鍊的。是的，是自我鍛鍊而非學院薰陶！毋需靠學院薰陶、規範而能合拍定調地走研究之路，非強悍的意志力不能爲。

進一步體會到信元強悍的生命力，是這兩年的事。他得了腎病，但作息交遊如常，依舊笑臉迎人，批評起人事的火力不減，工作的步調也未放慢。前年秋天我在他任教的佛光大學短期兼過一門課，信元熱情地邀我到他的溫泉屋去住，他笑嘻嘻地講泡溫泉的風光，看不出是一個瀕臨換腎的人會有的心情。從礁溪火車站到林美山校園，有交通車，信元通常在半路一所小學門前候車。一個微寒的早上，我看他在大霧中上車，臉色灰綠，還冒著汗，似乎忍著極大的苦楚，換作別人早就請假了，他卻像是拼命三郎。

後來聽說他昏迷，被抬進醫院，他堅持了許久的不洗腎原則至此才打破。我去台大醫院看他，他口頭禪似地安慰朋友說沒事沒事，說許久不曾感覺身體如許清爽了，並且關心起窗外一條馬路之隔的《文訊》的前途。出院後，陳信元很快在中央副刊開了一個專欄，延續兩年前在聯合報副刊對兩岸出版與文學的探索，我一方面擔心他的體力，一方面又高興他的精神果然已恢復。舉凡文化產業政策、出版行業組織、以及兩岸如何合作進軍華文市場，信元一一提出冷靜的分析。見證海峽兩岸最近二十年熱烈而詭譎的交流情景，他在這一領域展露了無人能取代的生命姿態。

我常想起香港九龍與宜蘭礁溪信元予我的借宿之情，他撐著病痛的身子，憑一己毅力、實學為兩岸文化交流打造通衢，為華文出版市場建築美麗的殿堂，我覺得他所從事的工作，如古代印書刻版，涵蘊文化的核心意義，十分值得讚嘆！

與出版爲伍（代自序）

陳信元

三十年前從中部小鎭負笈北上，行囊裡祇帶了幾本青澀年少時常讀的書，其中有紀德的《地糧》，葉珊的散文集，鄭愁予、洛夫的詩集，七等生的小說集，葉石濤評論集等。同行的Cookie是臺中一中編校刊、學報的老戰友，我們搭乘「吞煤吐煙」的普通列車抵達「遙遠又陌生」的臺北，一頭栽向茫茫未知的命運。

大一那年，與幾位藝文界朋友雄心萬丈地創辦一份雙月刊，尙未「演出」，即告夭折。大三那年，在學校找了月入八百的工讀，美其名曰「編輯」，其實幹的是校對、打雜的雜務，還要負責厚著臉皮去催討遲遲未發的薪水。大部分時間，我寧可待在圖書館看書，直到打烊。

「與書爲伍」的命運，可能很早就已注定。退伍後幾乎命定的走上編輯這條路，在出版這個行業待了將近二十年，扮演過從總編輯、總經理到發行人的各種角色。年逾不惑之年，我又有機緣轉進學界，從事的還是以出版教育爲主的教學工作。

二十世紀九〇年代以來，兩岸出版交流活動頻繁展開，對大陸出版市場的研究，兩岸合作出版的議題，成為我研究的重點，赴大陸實地考察或參加各研討會、版權洽談會，成為每年必不可少的行程。

第一次參加版權洽談會，主辦單位選在風光明媚的西湖畔「劉莊」，盛大的開幕式上，兩排巧笑倩兮的西子姑娘，手持頗負盛名的紹興酒，頻頻勸酒，一時間彷如置身於新酒品賞會上。那是一個臺灣出版業氣勢如虹的年代，也是版權貿易由「入超」轉向「出超」的關鍵期，臺灣業者抱著「撿便宜」的態度開始大量引進，不知不覺中腐蝕了出版最可貴的原創性。

初期的版權洽談會是專為臺灣出版業者量身打造，舉辦地點涵蓋了各重要的旅遊景點，大陸主辦單位無奈地表示：「祇有每次更換洽談地點，才能促成臺灣組團來訪。」眞可謂用心良苦。我最遠曾隨團到過內蒙。塞上依然是「風吹草低見牛羊」的景致，不過蒙族「上馬酒，下馬酒」的威力果然名不虛傳，兩岸居然醉成一團，差點忘了此行的目的。

現代意義上的出版，大陸起步比臺灣晚，但他們畢竟不是省油的燈，九〇年代中期起，由於政策的推動，總體策略規劃得宜，大陸展現了後來居上的實力。北京國際圖書博覽會一屆比一屆擴大規模，外國參展商也一改以往輕視的心態，主動參與展場設計，派出高級主管甚至由總裁親自出馬，拜會大陸高層，參與大會的研討會，積極部署涉足大陸出版業。全球化的競爭毫無例外地降臨

最具潛力的新興市場。臺灣出版同業開始懷疑「小蝦米如何對抗大白鯊？」原先我們引以自豪的資金優勢、編輯企劃、管理經驗等，在世界出版列強的眼中，價值可能貶損，有許多大陸大型出版社，早就轉移出版合作的對象，以歐美出版公司爲夥伴。有一位少兒出版社負責人曾說：「臺灣出版市場小，我授權給臺灣出版的預收版稅，還不夠我請他們吃一餐。」我常在心裡吶喊：「臺灣出版業趕快站起來！」

一九九七年，我接受委託組成「臺灣暢銷作家訪問團」赴大陸參訪，有兩位媒體記者隨行採訪，透過《中國圖書商報》，舉辦了一場網羅大陸出版菁英的「兩岸暢銷書研討會」。該報以一整版記錄座談會盛況。團長高希均教授，以及劉墉、張曼娟在三聯書店門市部舉辦的三人對談，擠爆了演講廳，盛況空前。在北京大學南門側風入松書店舉辦的簽名會，等待簽名的讀者一早就排了長長的隊伍，我們帶去的彩色精美團員簡介摺頁供不應求，他們轉身看到我這個西裝筆挺的執行長太悠閒，有人湊過來說：「你也簽個名吧！」受寵若驚的我，那天過足了當偶像的乾癮。我的體悟：行銷大陸是需要實力，需要策略，需要包裝。

隨行的記者也沒閒著，他們驚訝京城書店展現的人文風貌，風入松書店就像臺北的「唐山書店」，同樣在地下，同樣的學生族群，同樣的學術品味。而三聯書店更像我們的「金石堂書店」。我們暗自慶幸：他們還沒有北京的「誠品書店」。這次訪問結束後，大陸的超級書城陸續完工，動輒上萬平方米，門市書種超過十萬以上的，比比皆是，只不過幾年光景，完全脫胎換骨。走過北京圖書大廈，望著門口掛著「愛國教育基地」的牌子，會令人啞然失笑，產生時空倒置之感；著名的席殊書屋，更有創意，倉庫設在近郊的軍營裡，租金便宜又安全，出入都有衛兵站崗，向你敬禮，而素有「寫字先生」之稱的席殊，在風雨飄搖中已開了五百家連鎖書店，他還兼營網路書店、讀者俱樂部，也算是跨界發展的奇葩。大陸加入WTO後，外資書店將逐漸開放，但即使在五年後，也限制不得超過三十家分店，在上層「發展」與「保護」的兩手策略下，大陸出版業信心十足迎接挑戰了，服務人員的晚娘面孔也不見了。在上海曾走訪一家二十四小時營業的書店，已是深夜時刻，門市小姐依然敬業地爲我們介紹新書，「顧客至上」不再是一句空泛的口號，我們看到一股向上的力量在社會每一個角落蔓延，從硬體的建設，眾志成城的申奧決心，一直到各個層面的自我提升。

在每一季幾乎都有大型的圖書展銷活動推波助瀾下，大陸出版業展現的蓬勃生機，及背後無限的商機，讓臺灣業者感慨萬千。

二〇〇二年五月前往參加北京國際圖書博覽會的人數，又創下歷年的紀錄。業者面對意興風發的大陸業者，已有人發出「時不我予」的悲觀論調。看看國內的經濟凋零，該拚經濟的拚選舉，政

策搖擺不定，出版產業的未來，誰也不敢有較高奢望。在政府推動文化創意產業的關鍵時刻，對出版雖略有著墨，但畫餅充饑的成分較大。出版業者喜歡引用一句話：「出版，是綜合國力的顯示」，想想目前臺灣出版業嚴苛的處境，倒也滿貼切的。

目錄

輯二　笑談兩岸文學交流／45

輯一

近觀兩岸出版業

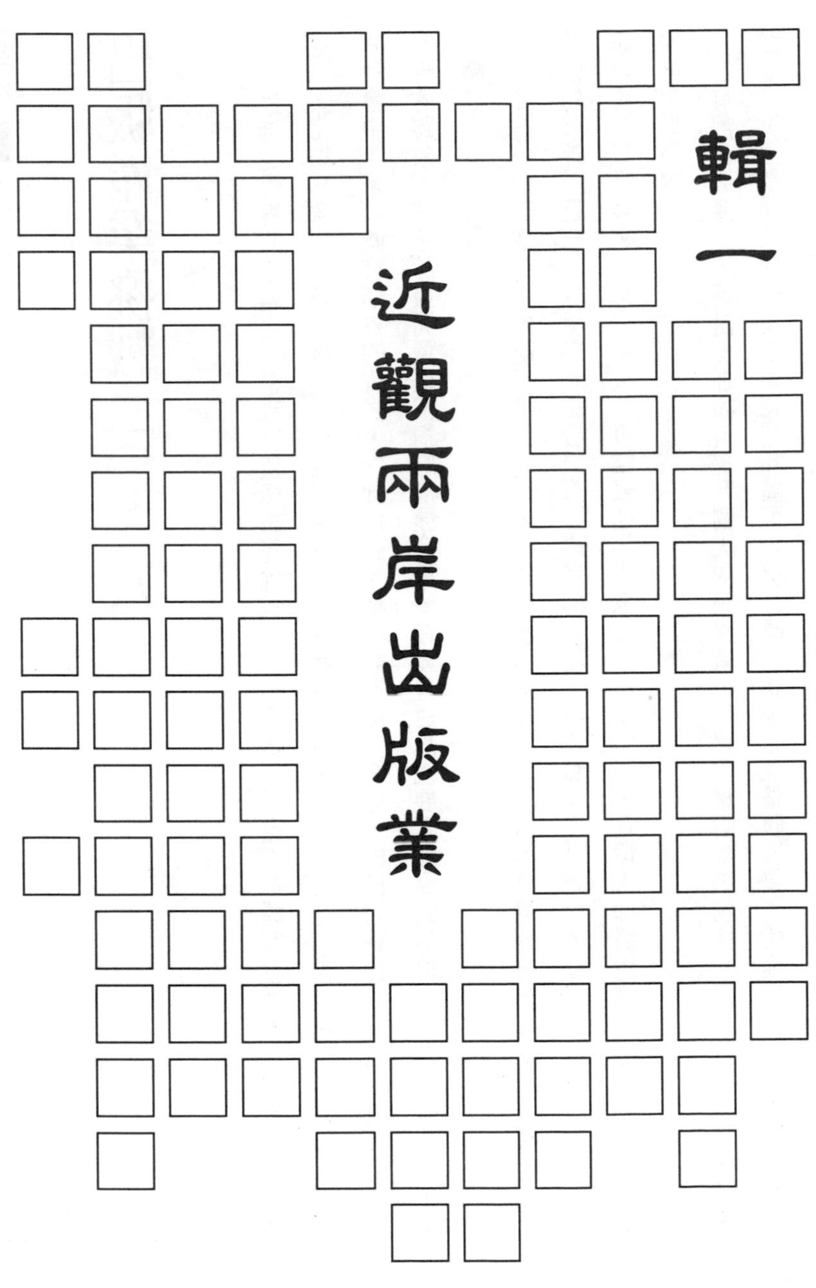

出版產業挑戰二〇〇八

最近文化界的話題之一是政府積極布局挑戰二〇〇八年，制定六年國家發展重點計畫，其中包括「文化創意產業發展計畫」，子計畫中也涵蓋了創意出版產業。二〇〇二年六月底在新聞局召開的研討會中，來自產官學界的代表，先分別就各項子計畫提出灼見，稍後的綜合座談已略窺各產業間整合的跡象，各子計畫間環環相扣的危機意識，在充分討論後展露發展的契機，似乎也激活了不少已趨向止水的心靈。

做爲一位跨文學、出版領域的愛好者、教學者與研究者，我常不自覺地向出版傾斜，賦予更多關愛的眼神。近一、二年來，由於恨鐵不成鋼的心理，我逐漸淡出原先熱情參與的各項出版活動、研討會，但仍藉著「兩岸燈火」專欄表達不少意見。一年將屆，在燈火即將熄滅之際，我念茲在茲的仍然是出版。

發展出版產業，關鍵即在如何提升國人閱讀風氣，具體落實的辦法包括：國家領導人、各階層領袖、主管及偶像帶頭讀書；宣傳知識可以提升國家競爭力及整體形象；積極培養讀書會種子教師

（帶領人），散布各階層，建立眞正的書香社會；增加公共圖書館、各級學校圖書館的圖書採購經費，推廣借閱風氣；將閱讀課外讀物及心得寫作納入中小學課程中，並輔導出版業者定期舉辦校園優良書展，主動推介已有定評的好書；最重要的，是要激發民衆對追求知識的熱情，並轉化爲支持出版產業的實際行動。

臺灣的出版研發工作，向來不被政府及業者重視，而大陸早就設立中國出版科學研究所，隸屬於「新聞出版署」，已提出不少重要的研究成果。設想中這個研發單位的功能有：掌握世界出版市場、華文出版市場的最新動態，比較兩岸出版業實力的消長，提供對策；研擬出版產業發展策略，供產官學界參考採用，對產業營運狀態提出監測報告；評估跨國出版集團在兩岸的布局，協助我方業者搶攻大陸出版市場；評估我方書店、物流業者、雜誌社、出版社赴大陸發展的挑戰與機會，以及對本土出版業造成的影響；定期舉辦產業調查、讀者閱讀與購買調查等，建立完整的資料庫；建立版權平臺，提供兩岸三地業者上網公告版權訊息，並提供合作機會等。

配合國家發展重點計畫，協調業者策劃出版選題，例如：「全球化與亞洲文化」、「科學園區的開發、經營管理」、「亞洲文化產業的發展策略」等，廣邀本地及世界知名的專家、學者撰稿，形成高峰論壇，集結成書後，可以多語種或多媒體形式，透過國外知名發行商向世界各地發行。

臺灣的版權貿易屬於逆差，引進的多，出口的少。版權貿易背後展現的是社會、經濟、文化等綜合國力的狀況，只有國力強盛的國家，才能在國際版權市場上占有一席之地。近年來，臺灣已成爲大陸版權產品最大的出口地區，我方對歐美、大陸的版權依賴愈深，原創力就日益減損，此時奢談創意出版，有如緣木求魚。制定一套循序漸進的發展版權產業的策略，應是當務之急。此外，作家的開發與維護，出版人才的培育，都對提升產業競爭優勢有正面效益。

（二〇〇二年七月四日）

華文出版市場的競爭與整合

邁入二十一世紀的頭一年，回顧、檢討上個世紀末十年華文出版的變化，難免會有時光飛逝的感嘆。在這宛如搭乘雲霄飛車般刺激、精彩的十年中，兩岸三地業者從陌生、隔閡到熟悉、相知；從試探性的版權貿易到全方位的出版合作；從手工業製造時代攜手跨入資訊科技時代；大家共同見證中華出版史上既競爭又整合的一頁。

在兩岸加入世界貿易組織（WTO）之際，萬眾聚焦在大陸，期待彼岸早日開放出版市場，三地同業能發展出更緊密的合作關係。目前正處於新一波大陸投資熱的臺灣業者，莫不摩拳擦掌，蓄勢待發，他們感興趣的項目，從赴大陸開書店、設立出版社、辦雜誌、建立物流中心，到形成產業群聚等都有。相信以三地出版同業實力的結合，必能展現競爭優勢，推動實現大中華文化經濟圈的理念，並累積共同進軍世界出版市場的籌碼。

資訊革命是二十世紀末影響人類活動最深遠的變革，它橫掃世界經濟，也正改變企業運作的方式。美國策略大師麥可・波特（Michael E. Porter）曾觀察到資訊科技正以三種方式改變競爭的原

則。首先，資訊科技的進步正改變產業結構；其次，企業能用資訊科技來創造競爭優勢；最後，資訊革命會孕育全新的行業。網路時代的到來，無可避免地衝擊了傳統的出版業，三地出版同業從介入電子商務到企業e化的改造，也正如火如荼地進行，企圖結合實體與虛擬的優勢，打造一個新的商業模式。三地幾乎是同時面對資訊科技的衝擊，也面臨諸多由此衍生的問題，除了一些技術條件外，也涵蓋了重新定義品牌與公司，重整經銷通路的布局，建立網際網路市場，區隔讀者的需求，發展一對一行銷，提供客戶自助式服務，建立讀者社群，以利推廣產品或服務等。在華文出版圈中，臺北的遠流出版公司是企業e化的先行者，勇於嘗試；香港的同業，如商務、三聯等，也都積極迎頭趕上。

「華文出版聯誼會議」自一九九五年起輪流在三地召開以來，肩負溝通兩岸三地同業的不同意見，已逐漸形成重要的產業論壇，雖然礙於三地有關當局的政策、法令，尙無法徹底有效消除交流合作的一切障礙，但藉由彼此意見的充分表達，也達成了若干的共識。但在傳統的「出版」定義不斷被衝擊下，三地出版同業應對資訊科技時代的「出版」擴大解釋，日後討論的議題也可隨之擴充，並邀請期刊業、流通業、數位出版商……等，共同討論，創造出版產業更大的經濟規模與效益。

三地的出版業者，處於競爭又合作的微妙處境，但在華文出版市場一體化的發展趨勢下，三地愈來愈像生命共同體，業者必須嚴肅思考如何透過競爭機制，形成自己的產業策略。此外，可以適時調整出版政策及市場策略，三地以跨語種出版爲手段，找出切入國際出版市場的突破口，如德國在二戰後，以跨語種出版爲手段，以科技英語出版爲突破口，以國際圖書市場爲進取目標，全方位地開展振興德國出版業的活動；或者思考集結中國人的智慧，突破區域界限，發展大規模的跨國經營集團，如德國貝塔斯曼出版集團模式。

（二〇〇一年八月三十一日）

放眼大陸期刊市場

就大陸學界的理解，期刊又稱雜誌，它是記錄和報導科學技術、社會、政治、經濟和文化各個領域的活動和發展的一種出版類型。一九四九年以前，「雜誌」和「期刊」在中國基本上是平行使用，有時雜誌還較期刊更常見。中共政權成立後，期刊比雜誌用得多，尤其是正式場合，幾乎都使用期刊這一名詞。

大約從八〇年代，大陸圖書情報界就開展了期刊類型劃分的研究，劃分的標準大致可按內容性質、載體形式、出版周期、主辦單位、語言文字、讀者對象、文獻級別等進行劃分。根據中共「新聞出版總署」計財司發布的統計數據，二〇〇〇年共出版期刊八七二五種，總印數二十九．四二億冊，人均占有期刊僅二冊，而日本人均占有量約三十一冊，西方一些主要國家人均占有量約在七至八冊左右，這意味著大陸期刊市場的發行量還有很大的增長空間。

近二十年來，大陸期刊業不斷與亞洲的韓國、日本、以色列、臺灣、香港，以及美、英、法、德、義等歐美國家的雜誌業開展交流與合作，並在科技、時尚、兒童類的版權合作上累積了不少寶

貴的經驗，從而促成了大陸期刊製作水準的提升。但外國跨國雜誌集團以版權、廣告、資金以及其他手段介入大陸期刊市場，也是不爭的事實。外商最感興趣的還在於大陸期刊的廣告市場。在大陸傳統傳媒結構中，期刊一直是比較弱的一環。一九九九年，大陸期刊刊登廣告的收入總額爲八．九億人民幣，僅占傳媒業整體廣告收入的百分之二至三，而在國外同類數字一般都在百分之十以上（如美國爲百分之十二，英國爲百分之十七），這也顯現出大陸期刊業另一個潛力所在。

從六〇年代起，就有不少跨國經營的出版傳媒集團看好亞洲華文市場，以合作發行或設立分公司、辦事處、駐臺代表的形式，成功地進入臺灣市場。九〇年代以來，歐美跨國雜誌集團更挾其豐沛資金在臺灣發行國際中文版，企圖以臺灣爲全球華文市場營運據點。目前，我國雜誌業者與外國雜誌集團合作出版形式就包括了：外國雜誌集團授權或以合資成立公司的形式在臺發行中文版；國內雜誌業與國外雜誌業合作在國外發行中文版；國外雜誌集團與國內雜誌社合資在臺灣創辦本土雜誌；外國出版公司在臺灣成立分公司發行雜誌。

許多跨國雜誌集團不諱言，外國出版商前進臺灣，更放眼大陸市場。一些商業及科技雜誌，多年來都可以輕易地進入大陸市場；九〇年代以來，消費性雜誌，如時尚、運動、汽車雜誌等也可以登陸。就合法登記部分，法國樺榭出版集團與上海譯文出版社合作出版《世界時裝之苑》；美國麥格羅・希爾出版集團與中共「外經貿部」經濟研究所合作出版《商業周刊》中文版；美國IDG集團與「中國科學院」合作出版《中國計算機報》、《計算機世界》；德國司普林格出版社與上海交通大學出版社合作出版《工業工程管理》等。此外，還有很多大陸期刊通過版權貿易的形式開展與外方合作辦刊，如《時尚》、《搏》、《HOW》、《車迷》等。

在即將加入WTO之際，中共雖百般拖延，卻不得不考慮向外資開放國內期刊市場的時程。其實在大陸利用各種「中外合資」形式經營的刊物已達百家，大部分都取得了可觀的盈利。大陸可望在近期內成爲亞太地區最大的雜誌消費市場。臺灣如何保有競爭優勢，似乎不那麼令人樂觀。不過，鼓勵本土的雜誌擴大市場競爭力，積極走出去擴展版圖，應是現階段當務之急。

（二〇〇一年八月三日）

兩岸出版實力的消長

八年前我接受陸委會委託，開始從事兩岸出版合作議題的調查與研究。當時，大陸圖書市場全年銷售額約在百億人民幣，尚未動搖臺灣作爲華文圖書主力銷售市場的地位。截至二〇〇〇年底，這個數據躍升至三七七億人民幣（約一千五百億臺幣），遠遠把臺灣留在上一個世紀的「輝煌」中，大陸成爲最大的中文圖書消費市場。

大陸一直到一九八三年才首次在中央文件中肯定出版物的商品屬性，但更強調它的精神文化屬性。八〇年代中期起，大陸圖書市場第一次受到消費者力量的抵制，從賣方市場向買方市場轉化，出版社也開始自負盈虧。一九九四年初，中共「新聞出版署」提出了「階段性轉移」的工作思路，即新聞出版業的發展要從以規模數量增長的「迷思」階段，向以優質高效爲主要特徵的轉移。藉由對新聞出版業宏觀調控，解決總量過多、結構失衡、重複建設、忽視質量等問題。

近年來，在全球化浪潮中，大陸出版市場成爲跨國出版集團亟欲染指的「沃土」。中共當局對外國出版勢力的「入侵」，心知肚明，但爲求順利加入世界貿易組織，早有適度「讓步」的盤算。一九

九八年三月由中共「新聞出版署」發布的《新聞出版業二〇〇〇年及二〇一〇年發展規劃》中，更可看出主動、積極的因應策略。這個規劃提出了「加強管理、優化結構、提高質量」的重要指導原則，並具體描繪未來十年間的發展藍圖，包括：組建出版、發行、印刷集團和報業集團，鼓勵並扶持跨地區、跨行業、跨所有制，甚至是跨國經營的大型出版集團；建立大型物流中心、大型門市部；重視出版跨世紀人才的培養工作等。

一九九六年秋，我和林訓民兄共同主持「大陸出版集團發展趨勢及影響」的研究計畫，深入大陸五個出版集團重點城市進行現場訪談與調查。不過，當時大陸出版集團組建目的和功能仍以政治掌握和行政管理為核心；商業性的盈虧以及國際市場的競爭仍是次要或是可再等待的被動狀態。這一階段的出版集團，是以行政區域和行政管轄範圍為基礎，由地方政府批准組建的。

大陸出版集團新一階段的建設，可以一九九六年初，「新聞出版署」批准廣州日報報業集團成立為標誌，出版集團進入國家試點階段。截至目前，大陸出版業已建設各類集團約五十家，其中，國家試點的出版集團六個（廣東省出版集團、上海世紀出版集團、遼寧出版集團、中國科學出版集團、北京出版社出版集團、山東出版集團）、發行集團三個（江蘇新華發行集團、廣東新華發行集團、四川新華書店集團）、報業集團十六個，非試點各類集團二十餘家。

以上海世紀出版集團爲例，一九九九年二月成立時，總資產四・一三億元，淨資產一・九六億元，總利潤四九九三萬元。二〇〇〇年集團總資產五・六四億元，淨資產二・七九億元，總利潤六四二三萬元。集團的優勢逐步浮現出來，並朝向成爲跨地區、跨行業、跨國界，資本一體化、經營多元化，以出版爲主體的大型傳媒集團邁進。不到十年時間，大陸出版業在政策引導下宛如脫胎換骨般，呈現蓬勃發展的局面，而我們的出版產業競爭優勢只怕已隨風而逝。

（二〇〇一年十月十二日）

培養具競爭優勢的出版產業

二〇〇一年一月十八日下午，臺北市政府文化局在市長官邸藝文沙龍舉辦一場「出版產業發展座談會」，國內重要出版社及四大連鎖書店負責人難得齊聚一堂，各抒己見。會議的主題有兩大主軸：一是政府部門能爲出版業做些什麼？二是出版業如何因應大陸的競爭？主持人龍應台局長在致辭時，以筆者〈兩岸出版實力的消長〉（聯副十月十二日）一文的結語作爲開場白，表達了對臺灣出版產業何去何從的關懷。

臺灣出版業的特色在於：不論是大而全的出版企業，如遠流、時報等，或小而專的出版企業，如立緒、大樹，都必須置身毫不留情的競爭環境中。選題策略、行銷策略是否得當，正是決定出版企業能否永續經營的關鍵。另外，臺灣出版業在本土所面對的國際競爭，在華文出版市場競逐中，來自大陸、香港及歐美、日本的國際勢力競爭，在在顯示出版產業需要建構一套明確的策略，在企業活動之間做協調、整合工作，提供充分、即時的資訊，避免彼此之間力量的抵銷或浪費。

一個具有靈活出版策略的企業，它會以高度專業的技巧，運用資訊科技，結合相關產業，將產品持續升級，提高品質，並將生產方式標準流程化，降低成本，回饋讀者，並致力於專業人才的培訓，以創造競爭力。

麥可．波特（Michael E. Porter）指出：企業彼此之間的激烈競爭，是產業成功的關鍵，政府的角色，反倒是次要的因素。臺灣出版要走上國際舞臺，除了靠自己的努力外，政府還是扮演其中重要的角色，目前可見的具體成果有：加速管理法令的鬆綁，持續舉辦或參與國際書展；有待加強努力的，包括：協助產業邀請國內外專家學者培訓各種專業人才，如國際版權談判、經營管理、行銷管理及電腦科技運用人才等；定期召開政府相關單位與產業重要負責人的「出版論壇」，找出臺灣的競爭優勢，制定總體產業策略；協助行業組織合辦一份出版專業報刊，以凝聚共識，深入了解國內外出版動態。

提高產業人力品質的策略，一是靠正規教育，一是靠在職訓練。政府在教育方面通常扮演至爲重要的角色，它雖不必包辦所有教育系統，但必須在某些方面給與輔助、支援。教育主管部門可以考慮發展出版技職教育，培養產業基層幹部，如發行人員、書店門市人員及其他相關技術人員，以彌補現行重印刷、輕出版的教育體制。

政府亦可和出版行業組織配合，規劃套裝在職訓練課程，供產業各部門的專業人員，每年接受再教育，了解國內外書業最新的發展、資訊科技對產業的影響及因應之道、其他相關領域的新知等。

邁向二十一世紀的臺灣出版業，絕不能再「戒急用忍」，坐守國內進行觀望，等待好運降臨。在全球化浪潮的席捲下，必須順應世界趨勢，展開對外投資，進行跨國、跨地區經營，初期可以亞洲華文市場爲重心，掌握發展、壯大自己的機遇，迎接更激烈的挑戰。廣泛參與當代國際出版的競爭與合作，否則將失去參與國際經濟運作的機會，也將失去國際競爭力，現有的國內市場，恐怕也難逃外國出版業的逐步蠶食。

（二〇〇一年十月二十六日）

WTO與兩岸書業

「兩岸燈火」專欄刊登以來，接到不少讀者的電話，詢問兩岸同時加入世界貿易組織（WTO）後，赴大陸投資出版業的相關事宜。二〇〇一年七月初，中共「中宣部」出版局局長鄔書林在出席「全國部分期刊社長總編輯座談會」上，鄭重強調：大陸從未承諾加入WTO後開放出版業，並批評了一些業內人士不負責任地發布「大陸加入WTO將全面開放出版業」的不實信息。鄔書林指出：大陸加入WTO的條款裡，根本就沒有開放出版的承諾，僅有的一條涉及出版業的條款，規定的只是書報刊發行環節的部分，採逐步開放，這與開放出版完全是兩回事。

構成WTO多邊貿易體制有三大支柱，包括：「關稅及貿易總協定」（簡稱GATT），涉及的主要是木漿、紙製品、印刷品、印刷器材、印刷設備等的關稅減讓及取消貿易壁壘；「服務貿易總協定」（簡稱GATS），涉及的主要是出版業（包括印刷、出版、發行與出版有關的服務）的市場准入問題，也即是出版業對外開放的承諾。大陸當局強調：他們僅承諾加入WTO後，逐步開放出版物的發行和印刷市場，而且在有關的雙邊協定中明確說明，進口出版物必須符合大陸的法律法規，並接

受審查：「與貿易有關的知識產權協定」（簡稱TRIPS），涉及的是著作權的保護問題。

在出版物進口及關稅方面：大陸自一九九九年起書報刊進口稅為零，音像製品進口稅為百分之九至十四，與WTO成員的關稅基本一致。但大陸加入WTO後，最擔心的是臺灣書報刊及音像製品進入大陸市場帶來的難以預測的衝擊。大陸的研究報告《加入WTO與中國出版業發展》，戴著有色眼鏡誇大了臺灣出版物的「意識形態」及「顛覆宣傳」的問題，並指出臺灣的出版社之所以在香港註冊，是在等待大陸對香港開放市場，以便乘機進入大陸市場。這種處處防堵「敵對勢力」，利用出版物進行滲透、分化的老舊思維模式，不僅矮化了自己，局限了視野，更嚴重傷害兩岸人民的感情。這份報告還建議對來自臺灣及其他中文地區的中文出版物徵收較高關稅。不友善的研究立論，值得有意赴大陸投資書業（專指「發行」之環節）的人士警惕，以免遭到不平等待遇。

大陸是以發展中國家的身分進入WTO，它對出版業的開放是採行「不承諾、晚承諾或少承諾」的方針。一個發展中國家的成員可以在十年過渡期內，維持與最惠國待遇不符的措施，這些措施要列入一個例外清單，實行五年後要進行定期審議。發展中國家在做出開放的承諾時，可以設置較高的進入條件，限制進入的數量，可以提出較高的要求，提高外國進入的成本。

根據中方與美國的雙邊談判，中方承諾逐步開放分銷（Distribution）服務，它的內涵比發行要廣，包括了：零售、批發、佣金代理、特許經營四種方式，中方將在「入世」一年後將出版物開放零售，三年後開放出版物批發。在一個合理的過渡期限，取消外資進入分銷服務的絕大多數限制，如股權、地域、數量等，在分銷服務領域實行國民待遇，也就是說，不僅允許合資的分銷企業的存在，也允許獨資。不過，對外資進入分銷服務領域，也不是完全沒有限制，比如：大陸承諾外資在中國開辦連鎖店的數量不能超過三十個，營業面積達到一定的規模要經過批准等。大陸還承諾在加入WTO後，將立即允許外資進入電信服務，其股權可達到百分之四十九，兩年以後達百分之五十，這也意謂著網路出版、網路書店及與出版有關的電子商務將一併開放。此外，圖書的郵購、直銷市場也是可能吸引外資的一塊大餅，也是我業者可以發揮之處。

（二〇〇一年十二月七日）

華文電子書的前景

二〇〇二年一月十日，北京的「全國圖書訂貨會」上，遼寧出版集團推出首都「電子概念書」——周潔茹的自傳童話《中國娃娃》，成爲媒體、出版社和讀者注目的焦點。讀者可以通過該集團與美國秦通公司共同開發的電子閱讀器「掌上書房」，或到集團的「中國電子書網站」閱讀該書。《中國娃娃》紙本書已由遼寧教育出版社先行面世，電子版則頗見巧思，「內容提要」呈現有聲有色的故事，「目錄」是故事主人公中國娃娃的旅行路徑。讀者可以獲得書中關於古人類和動物的相關知識介紹，還可以獲得其聲音、圖片。在閱讀中，不同路徑的選擇可以得到不同的故事發展和結局。

大陸的網路出版、電子書產業發展是近兩年的事，但目前已有一百六十多家出版單位全面涉足網路出版，開始了電子書的製作，截至二〇〇一年，網上可供讀者付費下載的正版電子書大約有一萬多本；預計到本年底，將會有四百多家出版社全面進入網路出版，七萬本正版電子書在網上行銷，幾款閱讀器也將相繼上市。有專家預測：二〇〇二年將是中國大陸的eBook年。

現階段，電子閱讀器對大陸讀者而言，仍算是奢侈品，「掌上書房」的售價兩千元人民幣，不是一般收入水準的家庭所能負荷，但它如能大量生產，並成為一種流行趨勢在年輕人中先流行，也有機會在三至五年內成為都市時尚，並逐步在大、中城市流行。

臺灣主要的電子書開發廠商，在閱讀軟體部分有：優碩、矽緯、掌中書、漢世紀等。電子書內容提供者有：明日工作室、華文網、智慧藏、書癮士等。再加上網路書店也開始參與電子銷售、Seednet、Hinet也與部分廠商合作，推展電子書線上付費機制等服務，可望將未來的出版趨勢推向虛實並存的實體出版通路，與虛擬電子出版平臺共存的市場。

臺灣目前閱讀電子書的主要形態，一是PC網站，首先要下載閱讀軟體、電子書檔案，假如網路提供線上閱讀的服務，也可直接在網站上閱讀。二是PDA網站，透過網路線或傳輸線等有線方式，先從網路下載電子書檔案到電腦，再透過電腦下載到PDA，未來可望採用無線傳輸。三是WAP網站，目前只有「空中書城」提供此項服務，讀者必須先向系統商申請WAP功能，然後再輸入網址，連線成功即可進入「空中書城」，讀者如果選用ip88手機，只要點選「空中書城」即可連結。

在華文世界還有朱邦復致力於電子書軟硬體發展。二〇〇〇年三月，文化傳信發表文昌電子書原型，並且成立「漢文化資訊聯盟」，目的在為中文電子書訂立統一規格。二〇〇一年四月底，文化傳信和人民教育出版社宣告合資成立「人文電子教科書科技有限公司」，開拓大陸超過兩億的中小學教科書市場。取名為「人文教科書V1.0」的電子書，定價約六百元人民幣，朱邦復希望三至五年內，降為一百元人民幣。臺灣的科技、電子公司參與了文昌電子書的研發、生產。

電子閱讀的機制，在系統上固然可行，但在閱讀上讀者是否習慣與舒適，仍需要一段調適期及技術面的提升，如微軟和東芝合作開發電子書顯示器TFI-LCD，還有eInk（電子墨水）高解析度顯示技術的開發等，都致力於提供與紙張印刷一樣親切的介面，拉近讀者與電子書閱讀器的距離。此外哪些內容適用於電子閱讀上？國外相關報導已顯示休閒閱讀、小說類等都不適合，反倒是資訊參考書、大學用書、教科書等，才是電子閱讀的恰當內容。另外，版權問題、付費機制，還有不同廠商的規格統一、市場培育問題等，也是華文電子書業者現階段亟待突破的瓶頸。

（二〇〇二年二月一日）

呼喚「作家經紀人」

前陣子大陸作家阿來的獲獎長篇《塵埃落定》，以十五萬美元的預付版稅售出美國版權，接著又在以色列、巴西、荷蘭等國家售出了不同語種的版權。這樣耀眼的成績，除了作品散發的魅力外，主要歸功於該書英譯者的「作家經紀人」，他運用國際運作方式，把中國作家成功地推向國際文壇。

歐美國家實施「作家經紀人」制度，已超逾百年歷史，它是書業中一個重要的職業，現今英、美已有九成以上的書籍，是由作家經紀人代理的，它的鋒頭有時還在暢銷書作者之上，例如代理《EQ》、《聖經密碼》的約翰．布洛克曼（John Brockman），就是其中的佼佼者。但他在中外出版界都是令人又愛又恨的頭痛人物。一方面，他手中掌握了豐富的出版資源，令人欣羨；另一方面，他可以僅憑著幾頁寫作提綱，向出版商獅子大開口，索要高達數百萬美元的預付版稅，並且限時要求對方做出決定。從他的身上，充分體現了作家經紀人的價值。

在臺灣，即使有張曼娟創設的、以培植新世代作家為宗旨的「紫石作坊」，實驗著類似經紀人的制度，個人仍然認為：「作家經紀人」制度在臺灣處在一種「缺席」的狀態，許多歐美國家原本該

由經紀人從事的工作，我們還是不得不仰賴編輯、著作權代理機構和玩票的個人來完成。

檢討「作家經紀人」制度未能在臺灣發展的原因：

一、是投資觀念。當國外的經紀人發現一位有潛力的作者時，會在物質和精神上進行投資，盡力將其培養、包裝成知名作家，再從他身上獲取豐厚的回報。但在國內，就不能不考慮投資後是否有「回收」的可能。另外，有些作者一旦與本地或海外的出版社、版權機構直接接上頭，原先的「仲介者」也可能被一腳踢開。

二、國內沒有「作家經紀人」這個行業的法律環境，不僅沒有形成專門的法律規範，甚至在書業界、法律界都未能引起足夠的重視。大陸在一九九五年發布「經紀人管理辦法」，不過時至今日，大陸書業作家猶在聲聲呼喚「作家經紀人」的出現。

三、「作家經紀人」是市場經濟的產物，他們的成長端賴成熟的書業市場爲他們提供良好的生存空間。臺灣出版業距離西方發達國家的發展水準，還有不小的落差，經紀人代表作者要價，相對的也處在不利的地位，尤其當他代理的是一位名不見經傳的作者時，談判的天平並不在作者這一邊。

四、「作家經紀人」的價值，並不是每位作者或出版商都能意識到的。作者會認爲經紀人是從自己的口中分走了一杯羹，而出版商則認爲經紀人的介入，迫使自己不得不支付更多的版稅，和承諾更加優惠的條件。

一位稱職的「作家經紀人」，既要懂書，又要懂市場，十分清楚出版商與作者之間複雜的關係，並能在他們的各種衝突中，具有化解的能力。他需要豐富的專業經驗、法律素養、廣泛的人際關係和較高的文學、藝術功力；更重要的是，他必須具備很高的創作和鑑賞能力，同時，又是精明、能幹的商人，商業談判高手，如要和國外出版業打交道，還須有良好的外語能力，嫻熟他們的運作模式。對於一位自認成熟、具全球觀的本地作者，我建議現階段不妨排除萬難，找一位國外知名的經紀人爲你「經紀全球」。

（二〇〇一年十一月二十三日）

特價書何去何從？

第十屆臺北國際書展閉幕了！媒體社論形容彷彿回到「國際學舍書展的年代」；我則憂心：「國際」日遠，「書展」怕已成特價書市。對比北京國際圖書博覽會每年擴大的規模，吸引全球出版巨頭爭相到訪的盛況，這裡透露出「彼長我消」的訊息，值得政府及業界警惕。

二〇〇一年臺灣總體經濟一蹶不振，隨之而來的高失業率、負經濟成長率，使出版業受到波及，退書率居高不下，獲利率大幅下降，有業者以「四季如冬」道盡不景氣的環境。去年（二〇〇一年）十月，小林一博的《出版大崩壞?!》推出後，也令先天體質欠佳的臺灣出版界反思：臺灣出版界的風暴是否正在形成？該如何賙應？

從去年（二〇〇一年）秋天起，幾家知名的出版公司相繼與連鎖書店、獨立書店合作，推出以低價促銷本版書的活動，免不了衝擊到其他出版社新書的發行。今年（二〇〇二年）春節前後，臺北街頭出現「六十九元圖書特賣會」，供貨的業者不乏近一、兩年剛成立的出版社，他們提供賤賣的庫存新書，有的還被擺放在書店販售，不知「高買」的讀者、無辜的店家作何感想？

根據金石堂書店的統計，二〇〇一年每月新書的平均進書量爲一千九百種左右，較之二〇〇〇年月平均進書量一千八百種還多。隱藏在新書數量增多的背後，是業者在產銷條件不對等的發行制度下，爲了資金周轉，不得不「以書養書」，不斷推出新書，以換取書商支付部分帳款，而書商則採「先退書，再結帳」模式，造成近年來退書率在百分之三十五至百分之五十之間。大量的退書以「曬書會」、「狂飆特賣會」等名義，在全臺不定期舉辦，養成部分讀者「守株待兔」的預期心理，不願掏錢買新書。

特價書的產生，反映了圖書營銷各層面的問題，一是圖書市場結構性失衡的問題，一些讀者眞正需要的書，書市上找不到，盲目跟風的圖書卻大量充斥市場，造成大量退書、大量積壓；另一方面，定價不合理、未作宣傳，和讀者的訊息溝通不良，都會導致庫存書；在通路方面，鋪貨時間、地點把握不準、錯過銷售時機，也會造成庫存。以大陸爲例，二〇〇〇年全國出版社庫存圖書總量爲二百七十多億人民幣以上；美國特價書業每年營業額就高達一．五億美元。臺灣圖書庫存量之大，也大致可以想像的。

庫存書也是出版社的資產，如果隨便銷毀或化爲紙漿，也就不值幾文錢了。所以，建立一個制度化的特價書流通通路，使一部分還有留存價值的庫存書進入第二次流通，能使出版社減少資產的損失，也能滿足部分讀者潛在的降價需求。外國特價書營銷模式，自十八世紀開展至今已形成圖書零售業的專門市場。英國目前就有四十多家較有規模的特價書店；美國年營業額一千至三千萬美元之間的大型特價書批發商就有三家，可供書種均在五千種以上。它們有許多值得我們借鏡之處。

特價書的主要銷售方式，一是直接銷售給零售書商，亦有社店雙方探討「就地處理」的可行性，即在出版社認可後，書店把退貨品種直接改為特價書，損失由出版社承擔；二是特價書商在書展中設立自己的展臺，專門銷售特價書；三是大型連鎖書店、網路書店加入這一販售領域；四是除了傳統書業的客戶外，也開發超市、藥品店和食品雜貨店等販售特價書；五是有些特價書業取得知名出版公司的獨家經銷權，確保特價書的來源。另外，大陸的天卷信息技術公司（Book321）則啓動「中國庫存圖書流通網」，創下每月高達一千多萬人民幣的業績。他山之石，謹供參考。

（二〇〇二年三月一日）

大陸出版品在臺灣

臺灣光復五十多年以來，大陸出版品不曾在臺灣眞正消失過。解嚴之前，臺灣許多特藏單位早已透過香港或其他國家進行大陸圖書採購；大陸出版品也以各種方式「偷渡」進入臺灣，許多大陸學術著作、文學作品、思想及政治性讀物，在地下出版社翻印、供銷下，暗中流傳銷售，對成長於七〇年代的知識份子有深遠的影響。但因政府法令對大陸出版品一律禁絕，書商採改頭換面的手段翻印，造成版本學上的「僞書」大行其道，對圖書館典藏與學術研究產生相當不良的影響。

政府宣布解嚴並開放大陸出版品進口初期，兩岸仍不得直接接觸，相關單位及個人欲取得大陸出版品，祇能利用各種管道引進，出版主管機關顧及機關團體及民眾有明顯需求下，乃默許民間代理進口大陸出版品之行爲存在，但爲避免代理公司大量進口於市面販售圖利，又對收件人及數量嚴格限制，引發不少官民糾紛。

後來銷售大陸出版品的書店在文教區附近設立，有的發行定期書目服務各地學術讀者，有的書商更將大陸出版品批發給各地的大學書店分銷，在校園舉辦大陸書展，甚至採北中南直營連鎖經

營，並在臺北國際書展設攤公然販售，讓民眾以爲大陸出版品已經被許可正式進入臺灣。政府對是否開放大陸出版品來臺的問題，不能再迴避，應盡速召開跨部會的會議研商，並廣邀學術、文化、藝術、出版界人士舉行公聽會，準確評估利益得失，並做爲修法時的參考。

今年（二〇〇二年），兩岸雖然都加入世界貿易組織（WTO），雙方在出版交流、出版品互相進入對方市場的議題上，採取何種方案，還未明朗化，哪一方都不願先鬆口，値得我們持續關切。近年來，網際網路的發展一日千里，香港、大陸早於臺灣，已在境外設立網路書店，接受民眾下訂單購買大陸出版品，並以信用卡付帳，只要不違反「大陸地區出版品錄影節目進入臺灣地區許可數額」，似乎也找不到法令禁止這種買賣行爲。其實網路書店可彌補海外華文書店的不足，對三地出版市場，有可能產生結構性的轉變，將促使華文單一市場的形成，更爲具體、落實；再加上兩岸加入世界貿易組織之後，雙方的圖書貿易可能會因若干限制措施，透過國際規範得以解決或修訂，預期會有大幅度的成長。我們應掌握時間與先機，預先規劃開放大陸出版品進入臺灣的相應措施，例如：輔導業者赴大陸設立採購中心，並爭取進口的主導權，初期可採圖書代理商核備進口制度，總量須有適度控制。以具有互補性圖書類別爲主，以免影響本地業者的生存與發展，某些爭議性較高的出版品，應由代理商在進口時把關，只供學術機構採購，銷售單位經核准販售大陸出版品，應責成開立發票，杜絕逃漏稅行徑。

目前在臺灣流通的大陸出版品，以供應圖書館及文史學術界爲主，一些中醫、文物鑑賞的藝術類出版品爲輔，其他書種未必引起一般讀者的興趣。另外，簡體字還是多數非學術類讀者的閱讀障礙，對開放大陸出版品進入臺灣可能造成的影響，其實並不需要過分誇大、擔心。兩岸透過出版品的交流，正好可以提升雙方的學術水準，溝通兩岸人民的想法。不過，臺灣的文史出版社也應積極厚植出版實力，發掘有深度的學術著作，反向行銷大陸及其他華文學術書市場，展現我們不容忽視的學術水準。

（二〇〇二年三月十五日）

挽救臺灣出版業

政府擬開放大陸簡體字圖書進口的決定，贏得學術界「遲來」的掌聲；最近，新聞局長宣稱將採取漸進開放的原則，首先開放大專院校用書，這是典型的「畫地爲牢」的心態，也違背WTO的貿易自由化原則，在執行上也徒增由誰來認定以及哪些是「大專院校用書」的困擾。

筆者一向主張政府對大陸簡體字圖書的進口，只要掌握兩個原則即可：一是基於出版統計需要，請書商提供進口圖書書名、數量，以便於統計；二是建議兩岸三地出版商在圖書版權頁上，明白標示該書授權發行地區，避免越區發行，並責成各地出版協會加強行業管理。第二點建議曾在香港舉辦的「第二屆華文出版聯誼會議」上，獲得三地出版協會的認同，列爲正式決議，但事後卻不了了之，令人不得不對出版行業組織的功能打上問號。

新聞局長還提及：將委託三個出版行業組織來核發會員的輸入許可證，以「業必歸會」來達成有效的管理。這個思路基本上是正確的，但筆者建議：進口圖書採核備制，不作實質審查；若發生越區發行，可循線追究書商責任；若進口圖書有任何侵權、盜版或涉及「鼓吹叛亂之言論」，自有民法、刑法、著作權法及其他法律可以制裁。

出版行業組織一向是世界主要出版大國推動文化產業強有力的支柱。英國書商協會、英國出版商協會，分別成立於一八九五年及一八九六年，至今仍爲三千三百多家書商及五百家出版商服務。法國、德國、美國的出版商或書商協會，也都活躍於全球出版舞臺中。大陸的中國出版工作者協會成立於一九七九年，組織龐大，包括：圖書、期刊、音像、印刷、發行等社團，以及各省、直轄市、自治區的地方級出版工作者協會。會長按例由資深出版官員轉任，對出版行業有深入的了解，而且保證「忠黨愛國」。

作爲行業組織，最重要的是要盡量去了解會員的需求，並提供相應的諮詢服務。它的核心功能應包括：一、提供公共政策服務，並且和政府、文化部門、媒體對話；二、研究發展和交流：制定產業發展策略，監測產業經營狀況，研析並開拓世界圖書市場，開發海外版權貿易等；三、培訓各種出版專業人才：邀聘國內外專家學者，開設各類在職培訓課程，如：出版經營、國際版權談判、電子出版及市場營銷等。

平實而論，目前臺灣三個公協會由於先天不足功能都不彰，有待提升，主流出版業者責無旁貸，更應積極參與，協助推展業務。我們實在無法眼睜睜地坐視臺北國際書展，轉向純售書型的香港書展模式；而北京國際圖書博覽會卻乘機成爲亞洲的法蘭克福書展。我們也不忍心讓兩岸出版交流活動，淪爲儀式性的酬酢，而我方優勢盡失，卻一籌莫展。要挽救臺灣的出版業，請政府、業者共同重視健全出版行業組織的運作，強化它的功能。

（二〇〇二年六月二十一日）

檢驗年度《圖書出版市場研究報告》

行政院文建會委託中國圖書館學會編印的《中華民國八十九年臺灣圖書雜誌出版市場研究報告》，終於在第十屆臺北國際書展期間，正式和關心臺灣出版發展的朋友們見面了！相較於前三年已出版的研究報告，仍不脫摸索階段的「青澀」，本份研究報告首度展現了試圖與出版學術結合的企圖心。

不論從承辦單位、研究團隊、顧問群的陣容，或從四個子計畫的分工執行、督導來觀察，都可看出來自出版業界與學術界人士，以其專業知識、實務背景激盪出的火花。更難能可貴的，是將全部內容以光碟發行，讓更多出版業者、研究者都能搭上資訊科技的便車，輕鬆典藏、閱讀。

長久以來，臺灣的出版業者，以「瞎子摸象」的實驗精神，投入了瞬息萬變又競爭的環境，既缺乏行業翔實的產銷資訊、統計數據，又對國際的出版概況陌生、隔閡，在出版效益上難免打折扣。大多數業者對政府都有很高的期待，偏偏以往出版主管機關及相關單位所提供的一些數據，往往「僅供參考」，信不信由你，文建會委託出版的前三個研究報告，也還存在著輕重有別的缺陷。以

圖書市場規模的調查、計算方式而言，就有以幾組預設的數字讓業者勾選，再取平均值的「荒謬」調查法，業者能相信這組數字嗎？研究者能放心引用這組神奇的組合數字嗎？平心而論，我們不能把責任全推到承辦單位，首先應檢討的是臺灣出版業者，多數不願提供營銷資料，就連初版印數也常「諱莫如深」，當作最高機密。其實，只要推動並嚴格執行在版權頁誠實標示每一版次印數、用紙量，許多基礎的數據都可建立，大陸在出版統計的一些做法，值得借鏡。

在年度新書種數的調查上，有些調查報告捨ISBN及CIP紀錄，而以抽樣訪問少數幾家出版社所得出的數字，再乘上推估的倍數，得到一個名爲「推估實際出版種數」，這個數字的精確性大有疑問。其實，ISBN中心目前已建立新書回報制度，即在業者自行申請預行編目的資料，常有與實際出版不符合，甚至取消或延期出版的情況；該中心在新書出版後，都會加以比對並更正原申請資料；另外，該中心也對未申請ISBN的圖書進行追蹤調查。如能善用ISBN和CIP交叉比對，可以得出年度有多少家出版社能夠年出書若干本？新書出版量有多少冊？得到年度出版圖書的類別及平均定價（目前，ISBN申請表上列有定價、印數欄目，但未強制填寫）等。既然有可能得到精確的統計數字，卻去採用不得已的抽樣調查，顯見研究人員避重就輕的敷衍心態。

（二〇〇二年四月四日）

中國大陸第一部文化產業發展藍皮書

今年（二〇〇二年）夏天，政府推出新戲碼「挑戰二〇〇八：國家發展重點計畫」，其中包括首度亮相的「文化創意產業發展計畫」。大約從二十世紀九〇年代初起，歐美、日本、澳大利亞等國，相繼成立文化產業部門，制訂文化產業政策，並已發展到相當大的規模。根據一九九八年英國政府授權進行的調查統計，文化產業所創造的年產值接近六百億英鎊，直接從事文化產業的就業人數接近一百萬人，間接就業人數約爲四十五萬人，文化產業就業人數占全國總就業人數的百分之五。

二〇〇〇年十月，中共中央十五屆五中全會通過「中共中央關於『十五』規劃的建議」，提出要「完善文化產業政策，加強文化市場建設和管理，推動有關文化產業發展」，並「推動信息產業與文化產業的結合」。二〇〇一年三月，這一建議爲九屆人大四次會議所採納，並正式被納入「十五」規劃綱要。於是，「文化產業」的概念，正式進入中共國家政策性、法規性文件。

不到一年時間，中國大陸第一部關於文化產業發展的《二〇〇一至二〇〇二年：中國文化產業發展報告》的文化藍皮書，已由社會科學文獻出版社拔得頭籌，於二〇〇二年二月隆重推出。這個報告是根據社會科學院院長李鐵映的提議，由社會科學院、文化部、上海文通大學共同立項，社會科學院文化研究中心與文化部和上海交通大學共建的國家文化產業創新與發展研究基地共同組織實施。

社科院哲學所從一九九五年開始研究文化產業問題。先是研究個案，後來進行產業性研究。從一九九九年開始，成立了一個課題組，即國家創新體系研究小組，介入了對知識經濟與文化產業的關係的全面研究。到了二〇〇〇年初，又增加加入WTO以後對中國大陸文化產業的影響研究。通過上述的研究，得出了三個基本結論：第一，在當代，文化產業應該是個支柱型企業；第二，文化產業發展戰略應該成為國家發展戰略；第三，在文化產業的推動之下，中國大陸有可能發揮後發優勢（張曉明〈關於文化產業分析的框架〉，收入劉玉珠、金一偉主編《WTO與中國文化產業》一書）。

由於文化產業在全球範圍內都是一個新興產業，這部藍皮書的編寫，在幾乎無可借鑑的情況下，必須克服許多困難。社會科學院副院長、文化研究中心主任江藍生指出，難點在於：如何對「文化產業」進行界定，如何從經濟學的角度對文化產業發展的現狀做出準確的反映，並對其近期乃至中長期的發展趨勢做出科學的預測。文化產業的發展面臨諸多不確定因素，不僅要從中國大陸產業結構的戰略調整和文化產業的發展現實出發，而且也要考慮到與目前正在出臺和以後將要出臺的

各項政策措施相協調、相銜接；同時還要擴大視角，把國際文化產業的發展、世界經濟發展的大趨勢作爲背景來考慮，使之具有前瞻性、實用性。

這份報告是集體創作成果，包括一個〈總報告〉，由三位執行主編張曉明、胡惠林、章建剛執筆，三十二篇分報告，分爲〈宏觀視野〉、〈專家論壇〉、〈行業報告〉、〈區域報告〉、〈國外文化產業〉、〈個案研究〉、〈統計研究〉，由來自政府管理部門、學術機構或大學以及企業的專家、學者和高級管理人員分別撰寫。

〈總報告〉嘗試給「文化產業」下定義：就所提供產品的性質而言，文化產業可以被理解爲向消費者提供精神產品或服務的行業；就其經濟過程的性質而言，文化產業可以被定義爲「按照工業標準生產、再生產、儲存以及分配文化產品和服務的一系列活動」。從行業門類上，把文化娛樂業、新聞出版、廣播電視、音像、網絡及計算機服務、旅遊、音樂、美術、攝影、舞蹈、電影電視創作、工業與建築設計、藝術設計、藝術博覽場館、圖書館、廣告和諮詢業都歸屬在文化產業之下。

文化產業在中國大陸的興起，既有經濟發展的原因，又是體制改革的結果，既受到資訊技術革命的影響，又存在全球化的發展趨勢帶來的衝擊。居民收入需求結構的變化，消費水平不斷上升，刺激了文化產業的發展。而以信息產業爲主體的產業結構提升，爲大批與文化產業相關的新興產業群的生長，提供了新的技術基礎，並反過來推動了中國大陸文化產業的發展。在新一輪全球化浪潮的推動下，中國大陸對原有文化事業單位的改革已經啓動，文化市場也逐步開放，開始了文化產業的創新發展。

二〇〇二年，中國大陸的人均GDP已達到八百四十九美元，並以百分之七增長率成長；中國大陸的文化產業各行業二〇〇〇年的產值大約是六千多億人民幣，年增長率更高達百分之十二，這將會是一個巨大的市場，對外來資金充滿磁吸效應。

面對加入WTO後國際文化市場巨大的壓力，長期困擾中國大陸文化產業發展所需的資金、技術、人力和管理問題將日趨嚴重，中國大陸唯有全方位開放文化市場，通過以文化投資主體多元化爲核心的文化產業政策體系，才能加以解決。這部藍皮書的編寫，堪稱學術研究機構走出象牙塔與政府互動成功的範例，也可提供執政當局擬訂文化政策時作爲重要參考文件。

（二〇〇二年十月二十五日）

第一部世界華文出版文選

兩岸三地出版界的菁英，十多年來有更多的機會相互交流、觀摩。早期臺灣出版同業組團參加大陸舉辦的各式書展，北京國際圖書博覽會及版權洽談會，都會趁便舉辦「兩岸出版交流（或合作）研討會」，直到「華文出版聯誼會議」每年輪流在兩岸三地召開，總算有了一個較爲正式的溝通管道。

歷年來有關華文出版的論述，雖然有一些論文集留下紀錄，卻無法忠實反映該年度所有華文出版的整體發展。前幾年，已有有識之士倡議編選涵蓋面較周延的世界華文出版文選，但礙於經費、編委會組織等因素，暫時擱置下來。直到二〇〇二年初，北京辛廣偉、魏玉山等人的積極籌劃下，開始推動編選作業，除聘請「中國版協」主席于友先、「合作出版促進會」主席許力以；臺北許鐘榮、詹宏志；香港出版總會會長李祖澤、香港商務印書館總經理陳萬雄等人擔任顧問。並成立編委會，臺北由陳信元、徐開塵選稿；香港由陳萬雄、尹惠玲，吉隆坡由傅承得負責；北京則由辛廣偉、魏玉山等十人選稿。這部《二〇〇〇年度世界華文出版文選》由人民教育出版社於二〇〇二年

十月出版。

本書計分兩部分：第一編「文選部分」，又細分爲「出版」、「發行」、「出版與高新技術、其他」，共收四十五篇文章，其中，大陸占三十三篇，臺灣九篇，香港及海外四篇，篇幅比例並不均衡，主要癥結在於各地編委衹提供選稿，不過問後續編輯作業；另外，則是兩位大陸主編的本位主義使然。不過，這部文選倒是完整地提供了世紀之交大陸出版面臨的轉型與挑戰，細讀之餘，對臺灣的出版業亦有所啓發。

劉杲的〈飄忽的思緒——中國出版隨想〉，有對二十世紀中國出版的回顧，並展望二十一世紀的發展。他指出：「未來的中國出版將充分展示有中國特色社會主義文化的輝煌成果。」「未來的知識經濟將高度重視高新技術……可是社會主義文化不能只有高新技術，它還要包括科學文化和思想理論。」「未來的中國出版將是實現數字化、網絡化的現代化出版。」大陸加入WTO後，外資的動向舉世矚目，曾任中共「新聞出版署」署長的劉杲，以他一貫的立場強調：「外資恐怕早晚要進入中國出版業，問題在於把握好度。要強調出版物是承載精神產品的特殊商品，不能像一般商品那樣談判市場准入。政府將據此對民族出版業採取保護政策。我們需要保護民族經濟，更需要保護民族文化。」由此可以推論：大陸加入WTO後，將採取逐步開放與保護並行的出版政策。

閻曉宏在〈新世紀我國圖書出版發展思考〉一文，提出一個耐人尋味的論點，他提出圖書出版要加快發展，必須盡快實現「由均衡發展向不均衡發展」轉變，由政府按計畫配置資源向由市場配置資源轉變。大陸圖書出版向來是按地區、發行業均衡布局，由政府掌控、配置出版資源，並組織銷售，缺乏消費市場的競爭機制，如何有效地進行出版改革，讓各種資源不受地域、空間和人爲因素的限制，仍是大陸出版業有待克服的問題。

陳昕的〈中國出版業應積極迎接加入WTO後的挑戰〉，是一篇具戰略性思考的文章，他以具體的事例說明：八〇年代以來，大陸出版領域對外開放的基本情況和存在的問題。問題包括：部分地區和行業的合資合作並沒有起到提升產業水平的作用；不少合資合作企業的經營管理權被外方所控制，中方很少參與經營和管理；有些合資合作企業的經濟效益不像想像的那樣理想，並沒有實現預期盈利期望；這些合資合作企業的外方合作者，大多是外國的中小型企業，少有國外著名的大型媒體集團和出版集團，很難學到多少先進的技術和管理。目前擔任上海世紀出版集團董事長的陳昕，在引進外資的思考上，採取的是實力結合、對我有利的原則，眼光自然投向世界級的外國出版傳媒集團。

本書第二編「世界華文出版資訊」收錄：世界華文出版年度紀事、主要華文出版社團、媒體、出版教育研究機構、主要華文書展簡介，以及主要華文連鎖書店、出版網站名錄。當部分臺灣出版業者將未來寄託在大陸市場時，這部選集提供了「知己知彼」的第一手情報。

（二〇〇三年三月二十一日）

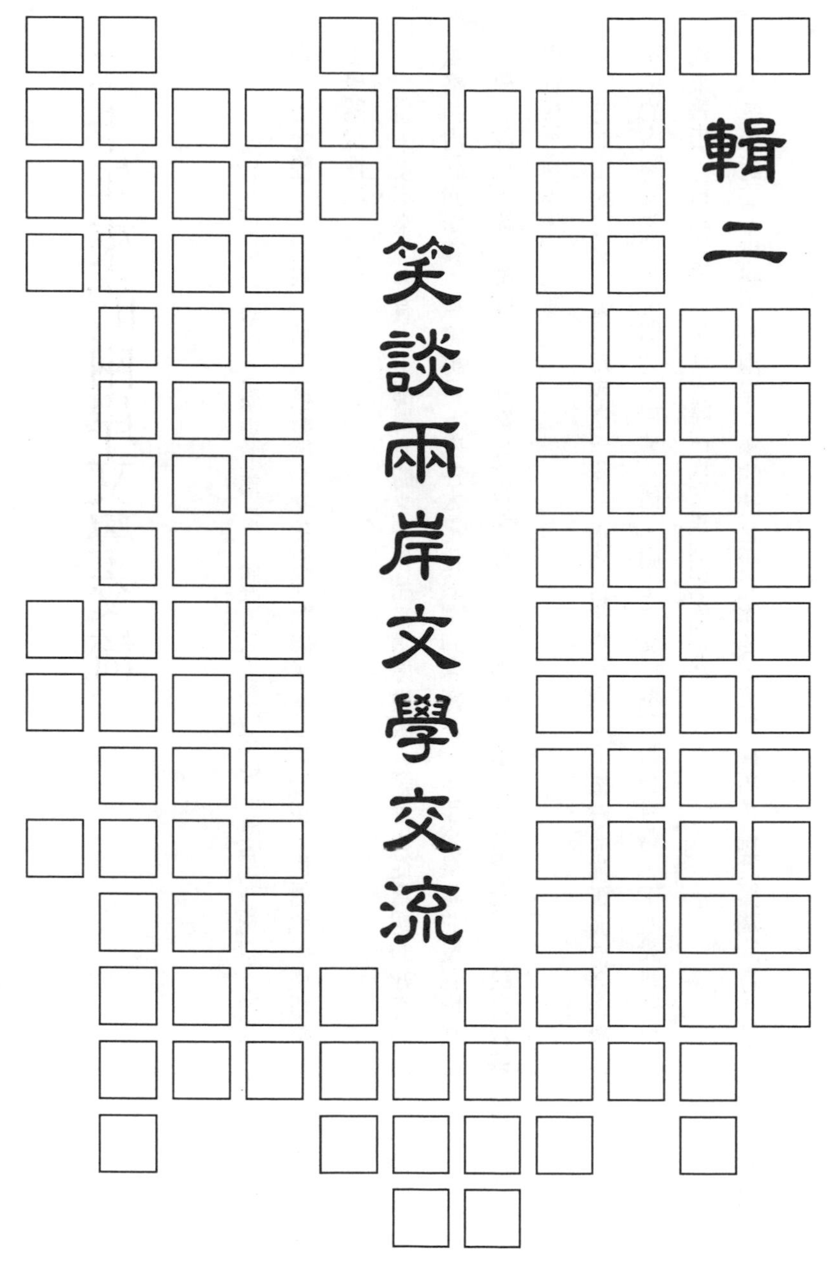

輯二

笑談兩岸文學交流

二十年來的兩岸文學交流

一九七九年，在兩岸文學史上都是一個值得記載的年份。雙方的報刊、出版社不約而同地刊登、出版雙方的文學作品，爲兩岸的文化交流跨出了重要的一步，也邁出了重新整合二十世紀中華文學關鍵性的一步。

二十多年來，各有上千部對方的文學作品在兩岸出版，讀者也從當初的好奇心理，進入到寫作風格和內涵的鑑賞。無庸諱言，處在本土化浪潮的席捲下，多年來臺灣並沒有培養出一支研究大陸文學的隊伍，極少數開設大陸當代文學課程的中文系所，都面臨師資難覓、缺乏合適教材、大陸文學資料不易蒐集的問題。

目前當務之急，還是先成立一個「大陸文學研究中心」，系統地購買或整合臺灣各圖書館、研究單位的大陸文學圖書、期刊、專著及博、碩士論文，編印聯合目錄；中心設研究員，經常提出研究成果報告，藉以觀察、掌握大陸當代文學的現況與發展。

基於對二十世紀中華兩岸文學的統合研究需要，應積極培養視野廣闊的青年師資，或遴聘學有

專精的海外知名學者，到臺灣客座講學。鼓勵大專院校在普遍開設臺灣文學課程之餘，也開設大陸文學課程，以收知己知彼之效。更重要的盡快結合本地專家學者編印大陸文學教材，並編寫客觀、翔實，以學術爲本位的大陸當代文學史，爲它在兩岸文學史上定位；傾全力撰寫類型文學史，如小說史、文學批評史等，將其納入二十世紀中國文學史整體格局的一環。

大陸的臺灣文學研究，從起步到深入發展，與大專院校開設「臺灣文學」這門課程有密不可分的關係，大陸學者的研究專著、編選加評介的著作，大多是作爲這門課程的教材。大陸學者研究臺灣文學，難免有一些歷史遺留下來的問題與局限，其一是：經常遇見資料嚴重缺乏的困難，導致看問題常有「見樹不見林」的偏頗，另外常會爲無法覈實某些史料而苦惱、困惑。其次，大陸學者對臺灣社會歷史與現狀缺乏整體的了解，在難以把握研究對象的情況下，客觀、自由的學術研究就不太容易做到。其他因素還包括：圖書資料與研究經費不足；某些非學術因素的干擾；研究隊伍中學術水準不高；文學觀念和研究方法及學風上的一些問題。

爲進一步促進兩岸文學交流的良性互動，在已開設對方文學研究課程的大專院校間，不妨考慮建立「訪問學者」的制度，經由長期異地觀察、研究與接觸，印證兩岸文學發展的異同，化解不必要的心結，回歸到學術上的討論，並可藉機吸收對方在研究態度、方法上的長處。另可研究推動兩岸學者共同指導學位論文的可行性。例如，大陸研究生以臺灣文學爲論題的學位論文，除了大陸的指導教授外，再找一位臺灣學者共同指導，不僅可解決資料不足的困擾，並開拓研究視野及觀點。立即可行的方案，還有擴大推動兩岸學生間的學術、藝文交流活動，如赴對方舉辦「兩岸大專青年文藝營」；推動兩岸青年學者或研究生的學術訪問團；召開兩岸青年文學學術會議，或設定兩岸共同研究的專題，例如：西方現代主義對兩岸文學的影響等題目，透過共同的參與、研討，拉近兩岸學生的思想差距，凝聚兩岸中國人的智慧，達成相關議題的共識。

（二〇〇一年七月二十日）

交流的藝術

任何一個圓滿完成的兩岸文化交流活動，都源自事先妥善的規劃。有些交流活動可由我方主導、安排，有些活動，必須由雙方協商，才能確定活動內容。由我方主導的活動，要充分考慮其可行性，以免臨時出狀況，賓主不歡。以一九九九年「臺灣暢銷作家赴大陸訪問團」爲例，是由我方主動安排活動行程，再經大陸相關接待單位確認或報上級主管單位同意後實施。大陸媒體報導十分熱烈。

從一九八七年起，兩岸互訪的機會頻繁，有些檯面上具影響力的人物經常有見面的機會，有志於從事交流活動的人士，平時即要注重建立大陸人脈，可在適當時機發揮效用。以出版領域爲例，可分爲幾條人脈：一、官方機構：如新聞出版署、國家版權局、各省新聞出版局；二、行業組織：如中國版協、國際合作出版促進會；三、圖書對外發行機構：如中國圖書進出口總公司（簡稱「中圖」）、「國圖」、「版圖」、「教圖」等；四、出版機構：如出版社社長、總編輯，版權、發行部門主管等；五、新華書店、民營書店系統；六、專業報刊：如《中國圖書商報》、《中華讀書報》、

《出版參考》、《出版廣角》社長、主編或記者等；七、相關人脈：如中國作家協會、中國文聯、學術界人脈等。

通常邀大陸一批重要的作家或出版界高階人士來訪，最後都必須獲得主管機關（即中國作協和「新聞出版總署」）的批准，才能成行。團中若有身分、地位較高者，如作協、文聯領導層級，那就需要很高層級人士的批准。從展開邀訪籌備工作，到順利達成交流任務，三季到一年的時間算是順利的；中途夭折的事倒也多所聽聞。五、六年來，筆者承辦多次兩岸文學交流活動，與「中國作協」有過多次打交道的經驗。從早期的彼此猜疑、不信任，到目前建立平等、互信合作的基礎，其中的竅門，就是誠懇從事交流活動，凡事計畫周詳，務期賓主盡歡。

在拜會行程及座談會上，兩岸相關議題交鋒，常會迸出「敵視」的火花。建議與會人士保持不卑不亢的態度，不刻意刺激對方，就事論事，據理力爭。陷入不必要的意識形態論爭時，宜迅速打住，或以另一話題引開。適度讚美對方長處，委婉建議可再加強或改善的部分，爲對方保留顏面，表現我方善意，廣交各階層朋友。我曾在一次「兩岸出版合作研討會」上提交論文，大會前一天審查論文，覺得我對大陸出版管理體制多所批評，要求刪改，否則停辦此次研討會，但看過原稿的幾位大陸出版社主管，私底下跟我說：「批評得好！一針見血。」當時禁忌的言論，在今天大陸出版

界已是司空見慣了。

近年來，大陸有關當局在兩岸文化交流活動上，逐漸化被動為主動，對經費也大幅挹注，組織較為整齊（非酬庸性）的團隊來訪；相較之下，我方面臨國庫拮据，兩岸交流活動的規模、經費都有縮小的窘境。在有限的經費下，更應精心安排各項參訪活動。今年（二〇〇一年）六月來訪的大陸報告文學作家團，在「兩岸報導（告）文學的發展與未來研討會」召開後，由張鍥團長把此行定位為「學習之旅」。他認為：周詳的會議準備，從宣傳海報（他帶回十張）、媒體宣傳、大會手冊、會議時間精準控制、會議進行方式……等，都值得大陸借鑑。同行的中國現代文學館副館長周明回北京後來信說：「通過參訪，對臺灣報導文學創作情況有了進一步的了解，增進了對臺灣人文、藝術、自然風光的切身感受，全團同仁都感覺頗有收穫！」

（二〇〇一年八月二十三日）

兩代交流秘史

第一屆和平小天使甄選那年，十八歲的兒子還在小二，興致勃勃地報了名，哪知道還要比才藝。兒子愛讀書，才藝卻沒有一項有特殊天分。甄選那天，他還是胸有成竹地攜帶「秘密武器」上場。評審問他表演什麼才藝，他把「秘密武器」——一本簡體字童話書亮了出來，大聲說：「唸書！」全場鴉雀無聲，大家心裡、臉上一致寫滿疑惑：這算哪門子才藝？兒子請評審隨便挑選一篇，從從容容地唸完，下臺一鞠躬，「特殊才藝」沒人能比，爲自己及老媽贏得一趟北京行。

這是一趟和平的破冰之旅，搭起了兩岸少兒交流的橋梁，至今仍然持續舉辦，並且有來有往。參訪行程安排得相當密集，有許多單位的長官迫不及待地想瞧瞧對岸的「幼苗」、「未來的主人翁」，來日會不會還是一樣難搞；接待規格幾乎比照國賓，出門有警車開道，副總理在人民大會堂接見，一片和平景象。這是兒子第一次踏出國門，問他印象如何？他說他們那一國「大人」講的話我都聽不懂什麼意思，又是中國，又是臺灣，又是一部分，煩死人。從此以後，他只要在臺灣的電視頻道看到中共發言人，又在重複「一部分」的算術題時，一定沒好臉色相向。

相差五歲的老二，對「一部分」沒什麼概念，對東來順涮羊肉卻情有獨鍾。在他年紀稍長，我也帶他到大陸跟朋友「交流」。他隨身帶著我在香港機場買的Game Boy，到處交朋友。上海摯友保平、丹燕有個寶貝女兒，名叫「太陽」，他們一見面就水乳交融在一起，「比卡、比卡、比卡丘」之聲此起彼落，原來都是「口袋一族」的同好。難得與兒子同行，大江南北朋友獻盡殷勤，結果一趟下來，什麼蛇肉、狗肉、甲魚……等，兒子都破了戒照單全收。不過，他最喜歡的還是去「算算」羊肉盤，數數配料、青菜碟子，在北京期間，每天樂此不疲。

我任職的文學所，每年春假照例舉辦「移地教學」，讓學生體會不同的學術環境風氣。去年（二〇〇一年）到蘇、杭、上海，今年（二〇〇二年）則到成都、九寨溝。兩岸研究生第一次接觸，印象都很好，相約以「伊媚兒」聯絡感情，交換讀書心得，協助對方找資料，或者還有一些私密話語。起初大家還興沖沖地伊來媚去，寄送資料，後來就雲淡風清，船過水無痕了。有些同學因交流圈子擴大了開始全球化了，結交一些國際朋友，伊人、媚兒也轉成日本、俄羅斯及其他國籍了。

這幾年來，我策劃過多次兩岸文學、出版交流活動，有臺灣暢銷作家訪問團，兩次臺灣知名作家團，網路與出版研討會，邀請大陸重要作家及報導文學作家來訪。大致是透過信函、電話、傳眞聯繫，並以眞誠、耐心，中性立場化解一些高度政治敏感性的話題。我們的學生輩則透過網路交流，來得快，去得也快，常有泡沫的現象。至於兒子這一輩，是用他們的卡通、電玩語言交流，說不定哪一天「電玩統一中國」，或全世界連成一家，建立一個「電玩共和國」，亦未可知。

（二〇〇二年四月二十六日）

大陸的臺灣文學研究

近日接獲南京友人隔海饋贈的《我與世界華文文學》，對大陸華文文學的起步、發展、成就、缺失等，提供了一個眞實的樣貌。大陸有些學者非常不能苟同將他們熱心投入臺灣文學的研究，說成是出於政府支使的統戰行爲；但也有學者不否認「政治曾經是推動臺灣文學研究的一個動力；但政治也使臺灣文學蒙上一重神秘的色彩。」（劉登翰語）

早期投入此一研究領域的大陸研究者，可以歸納出幾種類型：一是接受海關委託，協助審查和清理從海外寄來的書刊，進而選定臺港文學爲研究方向，有包恆新、張默芸、劉登翰等人。中正機場海關歷年來查扣不少大陸書刊，可惜沒成就任何一個人陸文學研究者。二是從大陸的刊物上被臺灣文學所吸引，從而掀起一股臺灣文學研究熱潮，這一類型人數眾多。三是與臺灣的歷史淵源，如汪毅夫，係臺灣臺南人，曾祖父江春源是「臺南四進士」之一，他在先輩愛國詩文感召下，以臺灣近代文學爲主要研究方向。一類是出版社、雜誌的出版工作者，因職務之便，接觸到臺灣文學，進而成爲研究者，如林承璜、楊際嵐、白舒榮等人。四是任教於僑校，如廣州暨南大學、泉州華僑大

學的學者，因與僑界的聯繫密切，轉而關注臺港及海外華文文學，如饒芃子、潘亞暾等人。

自一九八二年六月，大陸舉辦首屆「臺灣香港文學學術討論會」，迄今已舉辦了十一屆：從歷屆研討會的名稱、空間的界定到主要論題；可以區隔爲四個階段：前兩屆以臺、港文學爲論述主體；三、四屆研討會改名稱爲「臺港暨海外華文文學」國際研討會；第五屆加入澳門文學的論述，名稱改爲「臺港澳暨海外華文文學」；第六屆以後正式定名爲「世界華文文學」，不過初期是把大陸文學排除在外，直到第九屆才把大陸文學納入研究視野。年輕世代的研究者黃萬華信心十足地表示：二十世紀的中國文學史終將過渡爲二十世紀華文文學史，中國大陸、臺港澳地區和海外華人社會三大板塊將通過整合，形成某種「寬容、和解而又具有典律傾向的文學史」。

大陸的臺灣文學研究，從八〇年代中期起逐漸受到此地學者的重視與批評。其中尤以「大漢沙文主義」的立場，視臺灣文學爲中國文學的一部分，最受到非議，羊子喬曾大聲呼籲：「讓我們自己來」寫文學史；彭瑞金主張拋掉「中國文學爲臺灣文學母體」的神話，兩岸文學才能對話；吳潛誠直指「宣揚統一」便是《臺灣文學史》的敘述策略，而臺灣文學就成爲中國文學的「他方」（the other）；林燿德不諱言：兩岸對於彼此文壇解釋權爭奪與競合，是最迫切的議題之一；游喚則發現大陸學者常故意不去照顧到臺灣在「臺灣意識」與「臺灣主體」的建構，所以「臺灣主體的失落」

就成爲最大的問題。有關臺灣文學的定位爭議，因兩岸學者認知差距太大，再怎麼討論，也不容易有定論。大陸學者曾預言：在可預見的將來，臺灣可能也還難以出現嚴格意義的臺灣文學史著作。我們期待在陳芳明的《臺灣新文學史》即將讓此「預言」成爲「喃喃自語」時，能有更多研究者百家爭鳴，樹立研究的新典範。

（二○○二年六月七日）

兩岸文學館的交流互動

七、八年前，我首度造訪設在北京西郊萬壽寺的中國現代文學館，在首任館長楊犁陪同下，詳細地參觀不怎麼「現代」的每一個角落。這是一處明清時代的遺物，房舍是磚木結構，曾爲慈禧太后的駐蹕之地。該館的創設，與作家巴金從八〇年代初積極的倡議有密不可分的關係。他從建館之日起，從沒間斷過向文學館捐贈文物和稿費，迄今已捐贈了八千多件文物文獻，稿費近三十萬人民幣，無私無悔的付出，爲中國現代文學找到了一個遮風避雨的家。

巴金對這個充滿「古意」的臨時館舍雖不滿意，也只能勉強接受。一九八五年三月，在中國現代文學館的開幕致詞中，他強調：「只要一息尚存，我願意爲文學館出力。」巴金曾多次向上級領導人反映，提出另外選擇館址修建永久性館舍問題，並爭取列入國家建設項目；蕭乾、吳祖光等人，也曾在全國政協會議期間提出類似的提案；這些提議總被上級以「既來之，則安之」的說辭一筆帶過。

一九九二年，臺灣準備投資六億興建現代文學資料館的消息傳到北京，當時任常務副館長的舒乙去信求助巴金，巴金給國家領導人江澤民寫了一封信，表明：「文學館將是我一生最後一個工作，絕不是為我自己，我願意把我最後的精力貢獻給中國現代文學館，它是代表中國人民美好心靈的豐富礦藏……」並尋求支持。冰心也給當時擔任副總理並主管國家計委的鄒家華（鄒韜奮之子）寫信，尋求奧援。在國家領導人親自過問下，一九九六年，由國家計委審批通過立項，由國家出資在北京朝陽區興建新館。其中，第一期主館工程已竣工，並於二○○○年五月正式落成開館，建築面積一萬四千平方米，投資一億五千萬人民幣。第二期工程正進行中。

新館定位為中國現代文學館的資料中心，具有國家級博物館性質，集文學博物館、文學圖書館、文學檔案館和文學資料及交流中心的功能於一身，隸屬於中國作家協會。館內現共有藏品三十餘萬件。對作家整批捐贈的藏書，文學館專門闢出空間，建立以其姓名命名的文庫，目前共有五十五座，林海音、卜少夫亦列名其中。

參觀文學館是文學藝術的享受，在主事者精心擘畫下，不論是建築格局、壁畫油畫、園中雕像、石頭館徽、簽名瓷瓶，包括玻璃門銅把手上的巴金手模，俱見妙手巧思。如有幸親聆現任館長舒乙的客串導覽，你會驚覺現代文學名家的風采在他的舌粲蓮花下一一浮現，你宛如看見四○年代的老舍，正以字正腔圓的北京話熱情地招呼著朋友們。

今年（二〇〇一年）初及年中，我曾分別陪同中國現代文學館兩位副館長吳福輝、周明赴臺南國立臺灣文學館籌備處拜會，並專程參觀建館基地工程進度，存在兩館間的觀摩、較量，不言而喻。在與該處林金悔主任的晤談中，雙方都主動提及日後館際交流、人員互訪及展品交換展覽事宜，這些交流構想都得到舒乙館長的大力支持。不論「中國現代文學精品」來臺灣展覽，或「臺灣現代文學精品」赴大陸展覽，在兩岸文學史、交流史上，都是一次產生深層對話的契機，期待有關單位妥善規劃，早日促成文學互展。

（二〇〇一年九月十八日）

尋書萬里行

「九七」前兩年，年逾不惑之年的我，毅然辭去一份高薪的總編輯工作，放空自己，拋家別子，遠赴香港充電一年。這一年除了大半時間消磨在港大圖書館，徜徉於文史浩瀚的海洋中，最大的收穫就是足跡遍及港澳各書店，就近觀察了香港書業的變遷。

其實早在八〇年代初，直接赴香港猶有限制的年代，我就託臺灣書展團之福，首次在香港接觸到大陸圖書，不過，蜻蜓點水式的行程，總不能盡興。當時最常逛的是作家許定銘兼營的「創作書社」（他本業是老師），還因此結識了不少著名的藏書家、作家。這家位於砲臺山的書店，門面不大，卻是我睜眼初窺現代文學堂奧的指標，許多原版的老舍、曹禺、錢鍾書……等，還有一批批珍貴的文學期刊，都在此處購得。

香港幾家中資出版社的門市，如三聯、商務、中華等，都曾爲我提供過逛書店的樂趣，但總比不上逛「二樓書店」的神秘尋寶經驗。這類書店大半藏身於旺角、灣仔的住商樓層裡，以銷售大陸版圖書爲主，不是熟客還眞不容易摸上門。在臺灣人民還不能赴大陸探親前，香港扮演了兩岸文

化、文學交流的中介角色，書店裡繁簡字版圖書和平共處，各擅勝場。而二樓書店有專人分赴深圳、廣州採購，新書到貨快，價位合理，又因偏重文史學術書，頗得港臺學者青睞，在文星、藝林、學峰、青文等書店，常能偶遇學界名流，常不免就地論學，切磋一番。就連書店主人，也多是博學多識之士，話匣子一打開，至少能享受到特別的購書優惠，下回再來，還能幫你保留對味的好書。

相對之下，十年前第一次在上海的購書經驗，全然是另一種感受。那是上海南京東路上的一家大書店，服務的女「同志」以一副冷漠的晚娘臉孔，迎接熙來攘往的人群。讀者必須隔著一座座玻璃櫃臺，睜大眼睛「遙望」對岸朦朧的書背，購書興致頓時減少大半。同行的大陸友人看出我的「茫然」，趕緊趨前向一位忙著聊天的服務人員打商量：「同志！我的這位朋友從臺灣來，能不能讓他進到裡面挑書。」她瞪了我一眼，法外開恩似地說：「去吧！去吧！」我就在眾人既羨又妒的眼光中，享受了臺胞的特權。

近年來，我常有機會往來香港、大陸各城市，公餘之暇逛逛書店，是行程中最大的樂趣。香港的書店變化不小，商務尖沙咀的新門市，令香港人自豪；幾家「二樓書店」步步高升到更高的樓層；講究裝潢品味的「新二樓書店」，改寫書業的傳統，漸以臺、港版圖書為主力，祇點綴少量的大陸圖書。臺灣來的讀者，大多轉赴大陸買書；就是不出國的讀者，也能在大學校園附近，輕易買到剛出版的大陸圖書，價格不比在香港買的貴，也省了一筆不菲的郵寄費。

我偏愛在北京、上海買書，北京的幾家民營書店，如風入松、國林風、萬聖書園、三味書屋等，都有濃厚的人文氣息，國營的三聯韜奮圖書中心也不遑多讓。號稱東南亞最大的北京圖書大廈，我倒是不敢領教。有一回買了六百元人民幣的書，拿到服務櫃臺，寄回臺灣郵資要價七二〇元（郵局的郵資只要一二〇元），難道這是當「獃胞」必須付出的代價，我憤然拒絕。不過，在福州路「上海書城」的購書經驗，可是美好的享受，在一萬多平方米寬敞的空間中，擺置十六萬種圖書，不僅服務親切、貼心，書款可以刷卡，寄送服務迅速，郵寄費也合理。我並不十分欣賞上海、上海人，但我沒有理由不喜歡「上海書城」。

（二〇〇一年十一月九日）

借書奇譚

前幾年我尚未涉足學界前，一位頗受尊敬的學者介紹他的韓籍研究生到我這裡蒐集有關老舍的資料。我天性樂於助人，又回想起幾位接受過我提供資料的同學，都順利拿到學位，與有榮焉之感油然而生。我毫不猶豫將手頭辛苦得來的老舍著作、相關論著等傾囊相借，並熱心地聯繫老舍的兒子舒乙，請他代購一批圖書。這位研究生從我手中拿到這批價值不菲的圖書和帳單時丟下一句：「對不起，老師我沒錢。」就揚長而去，從此音信全無。

後來，我踏入學界後成爲這位學者的同事，兩人聊起，才知他也受騙了；再後來又得知一位著名的作家被騙得更慘，損失十多萬。這位研究生本事高強，從臺灣又轉進大陸攻讀博士學位，他的指導教授「正巧」又是我的好友，不知道這回他又使出了哪一計？我已懶得打聽了。

不經一事，不長一智。從此，我開始設防了，所有的資料只能在我視線所及的地方閱讀、影印。有一年，一位甫從國外歸來的學者，讓他的學生們到我公司找資料，我謹守上述原則接待。不料有一位同學情眞意切苦苦哀求，非借兩本回去閱讀不可，信誓旦旦保證璧還。我心一軟，他心滿意足地攜書離去。結果可想而知，他說兩本書放在開架式置物櫃被人順手拿走了。除了無言以對，我又能怎樣。這兩本書從此只出現在我夢中，其中一本花了我五年的時間，終於在北京一家舊書店重相逢，補了回來；另一本至今仍芳蹤杳然。

大陸學界朋友對我的遭遇寄予無限同情，一位擔任行政職的摯友非常「梁山泊」地對我說：「以後你缺什麼書跟我講一聲，我從圖書館找出來送給你。」我趕緊說：「借了還要還。」他大手一揮：「還什麼還，大不了賠幾塊錢就是了，很便宜的！」我只有苦笑以對。我早就聽說大陸學界借「霸王書」的風氣盛行，有一位研究五四文學的學者，我曾為他出過書，他從圖書館「借」了一套臺版的《傅斯年先生全集》，若干年來一直擺在他家中不曾歸還，他還自訂了一條規定：「要借閱這套書的請到他家翻閱。」理直氣壯地令人不敢登堂入室，深入堂奧。

四、五年來，我在文學研究所講授大陸文學，提供近兩萬本珍藏書刊讓同學自由借閱。借期一律是兩星期，但從來沒有嚴格執行過。有的同學會按時歸還，有的根本不想還；有的非要學位論文通過才肯歸還，通常需時一、二年；有的一借數年，好不容易等他拿到學位，謀到教職，心想這下總該還了罷。一催再催，才等到一個答案：「等我編好教材一定會還。」這時不禁想起一位好友的忠告：「別人向你借多少書，你就反向他借多少書，他不還，你也別還，這下不就扯平了嗎？」好一個不吃虧的阿Q！

（二〇〇二年四月十二日）

兩岸媽祖認同的出版選題

上周在師大圖文傳播所課堂上講授圖書出版選題的規劃，我向同學傳達了幾個觀念。選題，它是編輯過程的基本環節，也是施工藍圖，最能反映編輯的思想追求、價值觀念、學識水準、思維能力和創造才能。一個成功的選題，要有較強的預見性，必須面向時代，也要預見未來，既要滿足當前需要，又要照顧長遠需要。所以要樹立動態出版觀念，超前預測社會、讀者，和市場需求發展變化的趨勢，提出能夠適應情況發展變化的選題。

我踏入出版界編輯的第一套書，是四冊主題型散文選集，選題由李瑞騰提出，我在很短的時間裡獨力選編成書，並一手挑起印務、發行、收帳工作，深刻體會「校長兼撞鐘」的滋味。這套書倒頗爭氣，銷售了數十萬冊，爲前債累累的出版社打下堅實的基礎。

將近二十年的編輯生涯中，經手過無數的選題，有成功的，也有失敗的，也有一再被模仿，甚至盜印牟利的。其中有兩個與大陸學者共同規劃的選題，在兩岸文化交流史上具有「典範」的意義。

我自幼喜讀名人故事，購藏圖書中不乏繁、簡字版傳記，很早就萌生在臺灣出版一套文化名人傳記的構想。後來，在香港經由小思的介紹，結識上海復旦大學的陳思和，在了解大陸學界生態後，我即刻著手規劃大型的傳記出版選題，初步挑選了六十位文學家、文化名人，委請思和、子善兄就近挑選合適的撰寫者。這套「中國文化名人傳記」由卓如的《冰心傳》、李輝的《蕭乾傳》打頭陣，一出版就引起藝文界的重視，緊接著，巴金、沈從文、魯迅、茅盾……等人的傳記，更掀起了一波「傳記出版熱」。這套傳記很快地被大陸出版社看中，推出大陸版。結果就在香港書店發現同時販售兩種版本：臺灣版定價一百八十元臺幣，大陸版定價僅四．八元人民幣，擠壓了臺灣版的銷售空間。而當時與大陸作者簽下的是賣斷約，即一千字付若干美金稿酬，他們無權同意大陸版的印行。在耳濡目染下，兩位合作的大陸學者，了解從選題到出版的竅門，有樣學樣，也成爲大陸出版界炙手可熱的「企劃者」（這個詞由臺灣引進）。

另一個選題，是與福建學者劉登翰、袁和平共同構思的「番薯藤文化叢書」，初步構想是由我提出，想藉由系列叢書的出版，梳理臺閩間錯綜複雜的關係。登翰兄提出以臺、閩兩地常見的「番薯藤」來形容兩地盤根錯節的文化、社會、民間信仰的連結，我打從心底完全贊同。在福州、廈門與撰寫者賓主盡歡的餐敘中，更印證了這個選題對臺、閩兩地都有重大的意義。這套叢書以陳耕、曾學文的《百年坎坷歌仔戲》掀開序幕，袁和平負責撰寫《現代眼看媽祖》，還特地來臺，由我陪同到鹿港、北港、新港等地拜謁媽祖。我是臺中縣大甲人，鎮上的鎮瀾宮、北港的朝天宮、新港的奉天宮，與福建湄洲媽祖廟都有歷史淵源，親自走訪父執輩進香的媽祖廟，感受到民間信仰散發的魅力以及安定人心的力量。我深信這個選題定能讓分居兩岸的媽祖頷首微笑。

（二〇〇二年五月十日）

期待臺灣文學的新地標

從彼岸編寫的幾部文學史，意外發現自己竟然名列其章節上，被肯定的是大陸文學、現代散文的研究及兩岸文學交流項目。一九七九年夏，巴金的〈懷念蕭珊〉在臺灣刊登，深受撼動之餘，我一頭栽進大陸文學的研究領域，至今不悔。我特別感念柏楊先生一九八八年主編林白版「中國大陸作家文學大系」時，邀我為十位作家的文集，各撰一篇序言，得以窺探大陸文學不同的風貌。其次是文訊雜誌社舉辦的兩次「當前大陸文學研討會」，讓我有機會整理出一份「臺灣地區刊登、出版及研究大陸文學作品編目（初稿）」及發表〈大陸文學在臺灣〉、〈「文革」後的大陸散文〉。

《文訊》堪稱華人世界最用心編輯的藝文資訊雜誌之一，歷年來策劃的專題涵蓋面廣，從傳統詩社、報紙副刊……，到海外華文文學、兩岸文化交流無所不包，無所不談。這份刊物聚集了一批可愛的傻瓜，只問耕耘，不問收穫，扎扎實實從事文學史料蒐集與整理工作，並且成立「文藝資料研究暨服務中心」，蒐集臺灣文學書刊及論文集，包括：臺灣文學年鑑、中華民國作家作品目錄、臺灣文壇大事紀要、年度作品選（詩、小說、散文）等，都受惠於這個資料庫，以及該刊同仁長期累積

的分類剪報資料。我有幸參與初期的圖書購藏工作，深深了解尋找新書的箇中滋味，在新書通報系統尚未完善前，那可是要從浩瀚書海中披沙揀金挑選當期新書，一本本買下，彙整後再送到資料庫。

當年，臺灣文學館決定落腳臺南市，曾令北部文學愛好者悵然若失。日據時期，臺北、臺中、臺南等地，都是新文學的發祥地或重鎮，對文學館選址文化古都，我個人倒是樂觀其成。臺北有豐沛的藝文資源，從國家圖書館、臺灣分館，到林語堂故居、錢穆故居……等，只是「人在寶山」的臺北人大多忙得無暇享受。《文訊》及其資料庫也已具備轉型爲現代文學資料館的條件，我個人亦受惠良多，今年（二〇〇二年）二月，由我主持的「中國大陸的臺灣文學研究資料蒐集計劃」，其中有一部分即利用資料庫的書刊及報紙剪輯資料完成任務。

國民黨從「文工會」到「文傳會」時代，可能都不自覺自己握有一塊寶，《文訊》的前景常處於飄搖不定中，幾度面臨裁撤的命運。這麼一個「不事生產」的文化邊緣單位，卻是國民黨獻給臺灣最寶貴的文化資產，《文訊》同仁爲臺灣文學研究奠定的基礎，兼具本土性及宏觀的世界性，我相信時間會證明它的價值。

北京的中國現代文學館副館長吳福輝在了解《文訊》常態性的運作只靠少數幾位同仁、微薄的經費，及對文學無私的奉獻，不由得感佩道：「《文訊》不花政府一毛錢，卻起到國家級文學館的功能與作用。」適值《文訊》出刊兩百期，即將邁入二十年前夕，願以「超黨派的文訊，全民的文訊」與《文訊》同仁共勉之，也期待它繼臺灣文學館之後，成爲臺灣的另一個文學地標。

（二〇〇二年五月二十四日）

世紀末的魯迅評價

二十世紀九〇年代末期以來，大陸《芙蓉》、《收穫》等雜誌先後刊登了幾篇全面質疑魯迅及魯迅研究的文章，並掀起一場不小論爭。去年（二〇〇一年）十月，高旭東編選的《世紀末的魯迅論爭》由東方出版社出版，收入不同觀點的相關文章四十篇，完整地記錄下魯迅研究領域最大的一場風暴。

誠如茅盾所說：「魯迅研究中有不少形而上學，把魯迅神話了，把眞正的魯迅歪曲了。」自從魯迅病逝後，「造神運動」就開始啓動了，一九三七年十月十九日是魯迅的周年忌日，毛澤東應邀在陝北公學做了一場專門論魯迅的演講，推崇魯迅是一個「民族解放的急先鋒」，「是中國的第一等聖人，孔子是封建社會的聖人，魯迅是新中國的聖人。」在「文革」期間，孔夫子被打倒了，魯迅晉升爲「中國的第一等聖人」，毛澤東謙稱是「聖人的學生」。毛澤東高度推崇魯迅的雜文，給魯迅戴上各種名目的政治性高帽子，「如中國無產階級革命文藝運動的旗手」，「偉大的文學家、思想家、革命家」，「眞正的馬克思主義者，徹底的唯物論者」……。有位評論者一針見血地指出：「毛

澤東對魯迅的論述，無疑是中國二十世紀影響最大的魯迅論。」

魯迅生前，有關他的負面評價即已存在；魯迅死後，蘇雪林、鄭學稼都扮演過「反魯急先鋒」的角色。一九七九年，錢鍾書在美國曾批評魯迅「只適宜寫short-winded（短氣）的篇章，不適宜寫long-winded（長氣）的篇章，像是阿Q便顯得太長了，應當加以修剪。」一九九四年，余英時在香港兩次涉及魯迅的談話，批評魯迅「高度的非理性」、「很悲觀、很世故」、「很複雜」、「亂罵人」、「不深刻」等，還引來袁良駿、房向東等的「護魯」心切的辯駁。

近年來，龍應台公開表示她的雜文比魯迅好，還曾讓大陸學界一片嘩然（大陸是用「一片嗤鼻」字眼）。龍應台在廣州中山大學回答學生問題時指出：「我對魯迅雜文不推崇，主要因為魯迅雜文裡有很多不面對事情本身，而對人的人格的攻擊」，「在表現方式上，他有很多尖酸刻薄的、情緒化的，『刺』你一下的表現方式，我覺得不夠大氣。也就是說，我個人衡量雜文有些標準，而魯迅雜文在我心目中的地位是不高的。」魯迅的雜文，從文學角度或從政治的角度來觀察，就會得出像龍應台或毛澤東兩人所認知不同的評價。

一九九九年，葛紅兵拋出一篇〈為二十世紀中國文學寫一份悼詞〉，批判魯迅在文學上是「半成品的大師」，他的「拿來主義」使他在否定東方的同時站在了肯定西方的立場；無獨有偶，二〇〇〇年馮驥才發表在《收穫》「走進魯迅」專欄中的〈魯迅功與「過」〉文中，以後殖民主義的觀點提出批評：魯迅的國民性批判源自一八四〇年以來西方傳教士那裡，但他沒有看到西方人的國民性分析裡所埋伏的西方霸權的話語。葛紅兵這篇文章則是流彈四射，丁玲、沈從文、蕭乾、老舍、錢鍾書、巴金、周揚……等人都受波及：在他筆下，魯迅的語感是比不上王朔，魯迅的思想，與杜威、沙特等相較是不合格的，而錢鍾書只配當「學術大廈的看門人」而已。這位六〇年代出生的學者，以紅衛兵之蠻闖精神橫掃中國現代文壇，頗有點虛無主義的味道。

張閎在〈走不近的魯迅〉文中，總結「整個二十世紀的中國文化精神的歷史差不多就是『啓蒙』與『造神』的循環。而魯迅則始終是一尊不倒的『大神』。」他還諷刺一些知識份子「似乎更習慣於跪著研究魯迅。」持平而論，近年來魯迅研究領域已較能接受來自魯迅思想挑戰者的衝擊，王富仁就指出：「不能對別人的異議採取一種不能容忍的態度，或通過外在的力量來壓制不同的意見。」要研究魯迅，還是要從被請下神壇的「凡人」魯迅及其作品出發，拿掉他頭上沉重的冠冕，實事求是，方是正途。

（二〇〇二年一月十八日）

記一位可愛又頑皮的智慧老人

蕭乾先生去世兩年多了，我沒有爲他寫過一篇悼念的文章；相較於冰心女士去世時，我應「聯副」義芝兄之邀，在第一時間趕寫了〈游牧人間一世紀〉，似乎對蕭老有些不敬。事實上，從第一次與蕭老見面，他那親切的笑容，英國紳士風範，以及絮語散文般的談話內容，加上從不藏私的外國美酒，常讓我言語不自覺地「放肆」起來，忘了他的身分、地位。

第一次與蕭老見面，向他請益的是關於一本列入「中國文化名人傳記」系列的《蕭乾傳》，我十分好奇他對撰者的評價。他的回答，卻出乎我的意料之外，他說：「我從不去看別人怎樣寫我，但傳記一完成，我都樂於推薦。」蕭老樂於提拔別人，是文壇津津樂道的美事。那一次見面，他就向我推薦了凌叔華的《古韻》中譯本（傅光明譯），對凌叔華的才情讚賞不已。

由於蕭老人緣好，海內外關係也不錯，很多文友都將尋求出版的稿件寄給他，請他代覓出版社付梓。當時我在出版社擔任總編輯，自然也是蕭老請託的主要對象。有一回，他託人帶了一部書稿給我，附了一封信，說明這回的請託是被迫的，朋友「押」著他寫推薦信，他推辭不得，只好硬著頭皮寫，寫完後又偷偷地寫這一封「講眞話」的信。我所認識的蕭老，就是這麼可愛又頑皮的長者。

有一次，蕭老託我處理一件棘手的著作權事件，那是我唯一一次見到他充滿懊惱的神情。臺北有家出版社出版五卷本《蕭乾文集》，簽約時，大而化之的蕭老未及細看所有條文，日後才發現簽的是賣斷約，以後任何出版社不得以任何形式（包括選集）轉載、出版這些作品。在八〇年代，蕭老是第一位提出：在大陸刊登、出版臺灣文學作品應該支付稿酬。他對著作權是十分注重的。剛好，那時候傅光明編了一本《青少年蕭乾讀本》，礙於蕭老簽下的約，無法出版。

這個出版社的負責人，是我素來敬佩的長者，但他對與蕭老簽下的約，是十分堅持的，不容有絲毫討論空間，我曾建議支付轉載費，以求《青少年蕭乾讀本》順利推出，也被拒絕了，他丟下一句話：「大陸人都是這樣。」我眞爲蕭老抱屈，我了解蕭老的稿酬只有兩種用途，其中一部分寄給在美國的兒子，絕大多數都捐給國家。蕭老晚年雖貴爲文史館館長，但家居生活儉樸，夫人文潔若老師更是有名的勤儉持家，家裡的燈是走到哪裡關到哪裡，我常常是「摸黑」到蕭府拜訪。

蕭老是新聞記者出身，對時事、國際情勢的關懷自不待言，他也有利用短波收聽中廣新聞的習慣，對他曾親歷的臺灣，有一份特殊的感情。一九九六年，他曾一度心動，想到臺灣看看，我自告

奮勇可以到北京迎接他，但最後，他還是怕禁不起旅途折騰而打消這個念頭。

蕭老寫給我的信不少，他常勉勵我做一個出色的「出版家」，我能感受到他殷切的期望與熱情。在他臥病北京醫院期間，我曾兩度去探視，第一次他還堅持起來送我到門口，第二次他只能以目光送我離去。我把對蕭老的懷念一直放在心中，我常常翻閱他題贈給我的每一本書，彷彿兩人還手握著手，把酒促膝長談。

（二〇〇一年九月二十八日）

隔海憶柯靈

前些時日在課堂講授上海「孤島」時期文學，特別提到已逝大陸作家柯靈對抗戰文藝運動的貢獻。大陸出版過多種有關上海「孤島」文學的文獻資料，有文學作品集、回憶錄、書信集等，對文化人在這一特殊時期的表現給予肯定。一九四一年十二月八日，上海淪陷，柯靈於一九四三年六月接編商業性雜誌《萬象》月刊，維繫了五四文學香火，想不到卻被臺灣出版的《抗戰時期淪陷區文學史》列入「落水文人」隊伍，令曾兩度遭日本憲兵隊逮捕入獄的柯靈爲之忿忿不平。我曾在《臺北評論》細論此書謬誤之處甚多，還掛上國立編譯館主編，貶損了學術公信力。

就在幾天前，從臺北專門販售大陸圖書的書店，意外驚喜地買到七月剛出版的六卷本《柯靈文集》，封面上熟悉的作家身影，勾起了我對老人家深深的懷念。早在八〇年代，我就從香港買到他的散文集《長相思》及《柯靈選集》、《柯靈》等，並從《香港文學》上，得知他曾赴港參加學術研討會。他在一九七八年寫的〈懷傅雷〉及一九八四年寫的〈遙寄張愛玲〉，是發揮道德勇氣，言人所不敢言，擲地有聲的力作。他認爲張愛玲不見於目前的中國現代文學史，毫不足怪，「國內卓有成就

的作家，文學史家視而不見的，比比皆是。」「張愛玲在文學上的功過得失，是客觀存在，認識不認識，承認不承認，是時間問題。等待不是現代人的性格，但我們如果有信心，就應該有耐性。」這篇文章發表後，促成了張愛玲作品在大陸解禁，並形成了「張愛玲熱」。他還曾出於求實的良心，爲梁實秋的「文學與抗戰無關論」大膽鳴冤，希望確實查證出處，還梁氏一個公道。

一九八八年十一月、十二月間，柯靈爲《聯合文學．錢鍾書專輯》寫了一篇〈促膝閒話鍾書君〉；並爲「聯副」撰寫除夕感言〈聊贈一枝春——向臺灣友人隔海拜年〉。一九九一年六月，他爲「聯副」寫了一篇〈我們是中國人〉，語重心長地指出：四十年海峽兩岸分裂的悲劇，應當閉幕了，他呼籲將「海峽兩岸——大陸、臺灣」一詞，正名爲「我們中國」。他說：「孔子是我們的，蒙恬、蔡倫是我們的，屈原是我們的，司馬遷是我們的，李白、杜甫是我們的，康有爲、梁啓超是我們的，嚴復、林紓是我們的，黃聳憲、丘逢甲是我們的，魯迅、胡適、賴和是我們的，冰心、巴金、錢鍾書是我們的，余光中、顏元叔是我們的！我們是血肉相連的整體。」

九〇年代初，「柯靈」這個原屬於遙遠的文學史的名字，卻活生生地走入我的文學生命中。在陳子善兄的引見下，我終於與這位慈祥的長者在他的寓所見面了，他帶著助聽器專注著傾聽你的每一句話，師母陳國容女士忙進忙出，端茶、端水果，還要當柯老的另一副助聽器。當時只覺得這一對老夫老妻相依爲命，感情甚篤。但在閱讀《文集》第一卷的〈回看血淚相和流〉一文後，我激動得一個晚上不能成眠。這一對夫婦走過「文革」的人間煉獄，師母受到柯老的連累，從一個重點女子中學的校長，成爲受到批鬥的「牛鬼蛇神」，精神受到極度的折磨，並曾一度輕生，一度重病，從鬼門關撿回一命。柯靈在文章結尾處說：「過去的陰影並沒有破壞我們暮年的恬靜心境，因爲我們沒有把這種慘痛的經歷當作個人恩怨。」這一份寬容與豁達，也正是他的作品吸引我的原因吧！我曾爲柯老在臺灣出版《隔海拜年》和《鬧市的海鷗》兩本書，老先生視它們爲六〇年創作生涯中的一個可貴的紀念。

（二〇〇一年十二月二十一日）

陸小曼的哀歡歲月

一齣《人間四月天》連續劇勾起了大家對徐志摩和他的同代人的回憶，在兩岸分別炒熱了有關林徽音的出版題材。但一直要到二〇〇二年，才有柴草編的《陸小曼詩文》（百花文藝出版社）的出版，首度讓讀者一窺陸小曼的詩文造詣。

從八〇年代以來，以徐志摩、林徽音為傳主的傳記、評傳及詩文集，可謂汗牛充棟，以張幼儀為傳主的，也有張邦梅的《小腳與西服——張幼儀與徐志摩的家變》（譚家瑜譯，智庫文化公司，一九九六年十一月），文中對陸小曼、林徽音皆是恣意批評，不盡公允。雖然，陸小曼曾在一九四七年《志摩日記》的序中，提到為自己和志摩寫一本「我們的傳記」，這個心願在大陸易幟，徐志摩及新月社都成為批判對象後，更成為遙不可及的夢了。

柴草是一位年輕的設計師，曾負責浙江海寧徐志摩故居的陳列設計，他為蒐集相關資料，勤跑圖書館、踏勘徐陸生活過的地方、尋訪徐陸兩家的親朋好友求證，先後出版了《陸小曼詩文》、《陸小曼傳》（百花文藝出版社，二〇〇二年五月），還原了一個眞實的陸小曼，也有助於徐志摩研究的深入。

這部傳記有幾個值得稱道的特色：一、重視歷史的眞實性，重視考證和史料的發掘。對一些未有定案的說法，寧可並呈各說，不妄下斷語。二、能適當地運用近些年出土的史料，逐漸還原歷史的眞相，對傳主有更深的理解和包容，但不偏袒。三、用詞嚴謹、簡潔、不拖泥帶水，雖然大部分對話中做了一些演繹，但不失其眞。

對陸小曼的出身、求學階段的描寫，顯見作者下過一番苦功。陸小曼在聖心學堂就讀時已精通英、法兩國文字，還能彈鋼琴、長於繪油畫，經常被外交部邀請去接待外賓，參加外交部舉辦的舞會等，在其中擔任中外人員的口頭翻譯。十八歲那年開始名聞於北京社交界。透過這些背景描述，我們才能理解陸小曼全方位的才華，與林徽音各有千秋。

與陸小曼亦師亦友的劉海粟，對陸小曼的評價較爲公允而全面，他稱讚陸小曼的古文基礎扎實，「寫舊詩的絕句，清新俏麗，頗有明清詩的特色；寫文章，蘊藉婉約，很美，又無雕鑿之氣。她的工筆花卉和淡墨山水，頗見宋人院本的傳統。而她寫的新體小說，則詼諧直率。」

作者對陸小曼生命中的三個男人：王賡、徐志摩、翁瑞午著墨甚多。王賡的暴躁、典型的工作狂；徐志摩對愛與理想的追求，卻在現實生活中幻滅；翁瑞午的曲意迎合，以至晚年的相知相伴；

在作者力求客觀的筆下，不偏從既有的定見，對王、翁二人與陸小曼的緣起緣滅，皆有較深入的分析。反之，對張幼儀、林徽音的描述較少，她們雖是徐志摩的髮妻、知己，但與陸小曼無直接交集，作者採冷處理，堪稱睿智。

這本傳記對徐志摩英年早逝後，陸小曼的心境和生活的描述，使我們見到了一個遠離紙醉金迷生活的陸小曼。在海寧硤石召開的徐志摩追悼會上，陸小曼因爲公公阻撓缺席了，她作爲亡妻送了一幅輓聯：「多少前塵成噩夢，五載哀歡，匆匆永訣，天道復奚論，欲死未能因母老；萬千別恨向誰言，一身愁病，渺渺離魂，人間應不久，遺文編就答君心。」這裡透露爲徐志摩整理出版遺著的心願，她也在幾十年中，一直爲《徐志摩全集》的蒐集、出版竭盡全力。《全集》在「文革」後於香港出版，見證現代文學史滄桑的一頁。

本書珍貴之處在於書前附刊的陸小曼未曾曝光的生活照片多幀，還有陸小曼的書畫作品、手稿。據作者所見，目前存世的陸小曼畫作估計在百幅以上，有些畫還有名家的題款，但願有朝一日能出版她的畫冊，讓我們印證趙清閣對她畫作的評語：「清逸雅致，詩意盎然，自然灑脫，韻味無窮，洋溢著書卷氣，是文人畫的風格。」

（二〇〇三年八月二十二日）

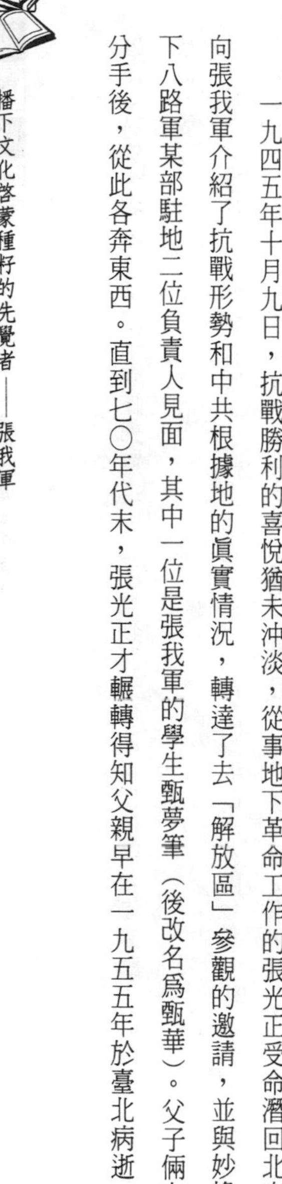

播下文化啓蒙種籽的先覺者——張我軍

朋友從北京捎回素未謀面的張我軍長子光正先生的贈書：一是《張我軍全集》，二〇〇〇年八月由臺海出版社出版；一是《近觀張我軍》，二〇〇二年二月由同一家出版社出版。自從一九七五年，張我軍逝世二十周年時，張光直編輯的《張我軍文集》由純文學出版社推出後，一九八九年又出增訂本《張我軍詩文集》。一九八五年適逢張我軍逝世三十周年，張光正在北京編選的《張我軍選集》由時事出版社出版。一九九一年，張恆豪編《楊雲萍、張我軍、蔡秋桐合集》，由前衛出版社出版。一九九三年，秦賢次編《張我軍評論集》，由臺北縣立文化中心出版。新版《張我軍全集》的問世，正巧是張我軍逝世四十五周年；《近觀張我軍》則是張光正獻給父親誕生百周年最好的紀念。

一九四五年十月九日，抗戰勝利的喜悅猶未沖淡，從事地下革命工作的張光正受命潛回北京，向張我軍介紹了抗戰形勢和中共根據地的眞實情況，轉達了去「解放區」參觀的邀請，並與妙峰山下八路軍某部駐地二位負責人見面，其中一位是張我軍的學生甄夢筆（後改名爲甄華）。父子倆在此分手後，從此各奔東西。直到七〇年代末，張光正才輾轉得知父親早在一九五五年於臺北病逝。他曾在《選集》的編者後記中感嘆地寫道：「沒想到四十年前目送他騎車漸漸離去的背影，竟然是最後的一瞥了。」

張光正謙稱《全集》有眾多絕跡多年的詩文，「都是臺海兩岸有關學者和親友共同收集、發掘的成果。」但從《全集》有條不紊的分輯，既可管窺張我軍在臺灣新文學運動中搖旗吶喊的身影，還可發現他對臺灣社會、文化、政治及民族問題的思考與批判。張克輝在〈全集．序言〉中強調：「這部集子的出版，可為兩岸中華文化傳承、交流史的研究，也為當年中日兩國文化交流史的研究，提供珍貴的資料。」這個評價是客觀、公允，絲毫無溢美之辭。

八〇年代初，龍瑛宗以同事情誼為主軸，寫了一篇懷念的文章，稱張我軍為「高舉五四火把回臺的先覺者」。從一九二四年到一九二六年，張我軍在《臺灣民報》率先對臺灣舊文壇進行猛烈抨擊，〈糟糕的臺灣文學界〉一文被稱為「臺灣新文學革命發難的檄文」。與此同時，他還從事新文學理論的探討，寫有〈文學革命運動以來〉、〈詩體的解放〉、〈新文學的意義〉等文章。並致力於文學創作，出版了臺灣第一部白話文寫就的新詩集《亂都之戀》，還有小說創作〈買彩票〉等。

一九二三年，二十一歲的張我軍初試啼聲，以日文寫成律詩〈寄懷臺灣議會請願諸公〉及政論時評〈排日政策在華南〉，發表於東京的《臺灣》雜誌，表達對日本殖民統治當局的不滿。張我軍

「言他人所不敢言」的凜然正氣，不畏權勢、勇往直前的行事風格，贏得文學史家葉石濤的讚譽，說他「無視於日本統治臺灣的政治現實，毅然貫徹始終他的觀點，代表了臺灣作家不畏強權的政治現實。」（〈走過紛爭歲月，邁向多元年代——臺灣文學的回顧與前瞻〉，《自立晚報》一九八五年十月三十一日）

張我軍不是天生樂觀的社會改革者，他堅信要改造社會，求得眾人的自由和幸福，必須由眾人自己去爭取，絕不會從天外飛來（〈致臺灣青年的一封信〉）。所以，他大聲疾呼：取消建醮和種種迷信行事，批判日本統治當局施行愚民政策，庸商、媒體推波助瀾的淺視（〈駁稻江建醮與政府和三新聞的態度——特望臺灣政府和三新聞主筆留意〉）；他痛斥聘金制是「把人不當作人看的野蠻制度」，現存的結婚制度是「賣淫式的，是強姦式的」，他認為根本解決之道，在於男女青年的覺醒，起而反抗舊家庭的壓迫和強制，打破大家族主義（〈聘金廢止的根本解決法〉）。

張我軍與羅文淑（後改名羅心鄉）共譜的「亂都之戀」，頗經歷一番波折，他的摯友洪炎秋在〈懷才不遇的張我軍兄〉一文（載一九七六年四月《傳記文學》），有詳細的記述。一九二五年七月，他寫了〈至上最高道德——戀愛〉一文，想必是感同身受，有感而發之作。當時有一些道學者，開口就謾罵戀愛，「說自由戀愛是畜生的行為」。張我軍以廚川白村的《近代的戀愛觀》的思想為底本，綜論戀愛的本質、發生，戀愛觀的變遷，兩性間的戀愛源自性慾，戀愛之所以神聖的理由。洪炎秋也同受廚川白村戀愛論的影響，曾在李萬居爲文批評《亂都之戀》時，挺身維護戀愛自由的理念。

一九二五年三月十二日，孫中山總理逝世，消息傳到臺灣，張我軍與島內同胞「五內俱崩，如失了魂魄一樣」。三月二十四日晚，臺灣的民眾團體有志社，在臺北文化講座（今臺北市貴德街一帶）舉辦一場追悼會。當時日本人是反對臺灣同胞追悼孫總理的，不是國民黨員的張我軍擬好的一份〈孫中山先生弔詞〉，也遭日本警察禁讀，幸虧黃季陸保留了這一份弔詞，並在若干年後予以公開刊布。

張我軍的趣味本在文學，平素極不願談及政治，遑論去評論政治，「然而人生在社會上——在存在著國家的社會上——日日都不得不受政治的干涉，就是你不找政治，政治也要來找你。所以為正當防衛計，不得不偶談一談政治。」（〈危哉臺灣的前途〉）他對社會重大的問題、殖民政策之不公不義，常有坦率的批評，並預言「沒有尊重言論的政治家一定要失敗。然而臺灣歷來的當局不消說，就是現當局也事事壓迫言論，所以欲其爲政不失敗也難。」

一九二七年三月，他在與北京臺籍大學生創辦的《少年臺灣》月刊上，發表多篇文章，呼籲臺

灣同胞進行思想改造。一九三〇年九月，他與北京師範大學學弟們共組「新野社」，十幾位社員中有兩位中共地下黨員，並創辦《新野》月刊，發表論文〈從革命文學論無產階級文學〉及譯文〈高爾基之爲人〉。前一篇文章其實是譯述平林初之輔的觀點，張我軍他是「既承認無產階級文學的存在，又不反對爲藝術之藝術的存在」，但他也看出中國文學界產生不了偉大的革命文學作品，一來是沒有出現偉大的文學作家，二來是「文學界缺少眞摯的研究精神，而批評家缺乏指導能力」。

一九四五年十月九日，張我軍、張光正父子在北京城郊那一別，堪稱命運的分水嶺。一九四九年春，張光正一度與張我軍通上信，卻因當時張光直被臺北「四．六事件」牽連，以「共黨嫌疑」的莫須有罪名被捕下獄，處於困境的張我軍，給這位參加八路軍的兒子回了一封簡短的信，要他無事不必來信，雙方從此斷了音訊。張我軍當年沒有選擇留在大陸，雖源自他根深蒂固的鄉土情懷，但想必也有深思熟慮的政治研判。

（二〇〇二年十月十一日）

胡風、范泉與臺灣文學

一九四九年以前，中國大陸對臺灣文學並不重視，相關的研究論述寥若晨星。三〇年代初，胡風在日本的《普羅文學》上，讀到楊逵的中篇小說《送報伕》，這篇作品令他深深感動，胡風當即譯了出來，一九三五年四月刊於上海《世界知識》。後來，新文字研究會還把它譯成了拉丁化新文字本，介紹給中國的工友們閱讀。一九三六年四月，又收入《山靈——朝鮮臺灣小說集》中，作爲巴金主編的「譯文叢刊」之一種，由上海文化生活出版社出版。同一本書還收呂赫若〈牛車〉、楊華〈薄命〉。

楊逵《送報伕》日文原作寫於一九三二年，在《臺灣新民報》發表了一部分便被禁止續刊，乃於次年寄往東京，全文發表於《文學評論》雜誌第一卷第八號，並獲該雜誌徵文獎。不能在臺灣本土全文發表的《送報伕》，經過胡風的翻譯，卻在中國大陸得以傳播。一九四六年，楊逵自籌印刷費由臺北東華書局印行《送報伕》單行本，就根據文化生活版的《山靈》重排印成的，並標明譯者胡風。

另一位關心臺灣文學發展的中國大陸人士是范泉（一九一六～二〇〇〇）。一九四四年十月十日，《文藝春秋》創刊於上海，范泉主編，永祥印書館出版，最初以叢刊形式出版《雨年》、《星花》、《春雷》、《朝霧》、《黎明》五輯，一九四五年十二月十五日起以月刊形式接續出版，至一九四九年四月十五日第八卷第三期後終刊，前後共出四十四期。

一九四四年十二月一日，范泉在《星花》發表翻譯臺灣作家龍瑛宗的小說〈白色的山脈〉，從此撰寫和發表了許多介紹和評論臺灣新文學的文章。一九四六年四月，范泉短篇小說集《浪花》由永祥印書館出版，列入「文學新刊」第二集，就收錄〈白色的山脈〉譯文。一九四八年七月二日，范泉還在臺灣《中華日報．海風》發表〈關於〈白色的山脈〉〉。

一九四六年一月，上海《新文學》半月刊創刊號刊登范泉〈論臺灣文學〉。在這篇擲地有聲的文章中，范泉先對島田謹二〈臺灣文學的過去現在和未來〉一文提出不同的看法。他對島田把日本作家之居住在臺灣的，以及用臺灣風土人情作爲小說題材的文藝作品，都蒐集在他的論述範圍以內，卻把本島人的文藝作品置於附錄的地位，十分不滿。他主張「臺灣文學的建立，以及臺灣文學的有生命的新的創造，卻還有待於臺灣本島作家們的努力……唯有這樣地努力，才能創造眞正、有生命的、足以代表臺灣本身的、具有臺灣性格的臺灣文學。」但他語重心長地指出：直到四〇年代中期爲止的臺灣文學，「不過是橋梁的文學，過渡期的文學，存在於這過渡期的橋梁文學，是不堅固的，不安定的，沒有純粹的個性。」（范泉《遙念臺灣》，臺北人間出版社，二〇〇〇年二月）

大約在一九四七年春，范泉收到楊雲萍由臺灣寄抵的日文詩集《山河》。范泉曾在西川滿編的一冊臺灣文學集裡讀過楊雲萍的詩作，並翻譯了一首，這一首作品給他的印象是：「簡潔、明朗、逼眞地表現了臺灣下層社會的生活情況。」范泉對《山河》詩集評價很高，說楊雲萍的詩作裡「兼有楊逵的豐厚的光彩，和龍瑛宗的靜謐的抑鬱。這種靜謐的光充滿了他的每一首詩篇的角落。」「所以楊雲萍，這不再是一個靜謐和憂鬱的代名詞。這應該是一聲臺灣平民的抑鬱的然而卻是憤怒的吶喊，這應該是一種把半個世紀葬送在被侮辱與被傷害裡的反抗的呼聲。」

由於對臺灣文學發生興趣，范泉曾經蒐集五十種以上的論述臺灣以及臺灣文藝的日文期刊和書報，並從它們隱約地認識了臺灣的民族個性，以及臺灣民間的生活情況。〈論臺灣文學〉這篇文章後來流傳到臺灣，有一些文藝工作者紛紛寫信給范泉，提供許多珍貴的意見，有的則是贈送書刊；更有些來到上海的朋友也會去看范泉，聊一些臺灣民間的故事，在一九四七年二二八事件發生後不久，范泉寫下《記臺灣的憤怒》，由上海文藝出版社出版。後來，又陸續寫下了〈許壽裳在臺大遇害〉、〈記楊逵〉等。此外，他還研究臺灣的戲劇、高山族傳說，寫下〈臺灣高山族的傳說文學〉、

〈臺灣戲劇小記〉、〈關於臺灣戲劇〉等文。范泉一生從未到過臺灣，但他積極爲亟待發展的臺灣文學打氣，鼓勵臺灣作家重塑臺灣文學的性格與精神，稱范泉是「臺灣文學的知音」，亦不爲過。二〇〇〇年十二月，欽鴻、潘頌德編《范泉紀念集》，由中國三峽出版社出版，蒐集了大量有關范泉的生平資料、圖片、論文與研究、紀念詩文等，提供我們了解一位終生奉獻給出版的資深出版家。

（二〇〇二年十二月二十日）

臺灣知識者的文學寫作史

起步於二十世紀七〇年代末的中國大陸對臺灣文學的研究，在短短的二十年間累積了不容忽視的成績。根據不完全的統計，這一時期中國大陸發表的關於臺灣文學研究的論文已超過一千篇，出版的有關臺灣文學的各種文學史及準文學史已超過十部，有關臺灣文學的辭書至少有七種，出版的研究專著及個人論文集超過五十種。在近十年裡，作家作品研究全面深入地展開；思潮、流派、社團研究等呈穩步增長之勢；兩岸文學比較研究，關於臺灣文學的分期和文學史研究從無到有；綜合研究、文類研究、八〇年代以來的臺灣文學研究成爲「顯學」，日據時期及臺灣光復初期的文學研究亦有所開展。

八〇年代後期，中國大陸學界出現了一個編撰文學史和文學辭典的熱潮，大陸評論家劉登翰曾有過省思，認爲這些編著「大多是爲滿足讀者對自己尚屬陌生的文學現象而提供的一份概貌性的初級讀物，而非是在深入的個案研究基礎上所形成的對於規律性的深刻探討和總結，不必有過苛的要求和過高的學術期待。」但是，中國社會科學院文學研究所研究員黎湘萍的近著：《文學臺灣——

臺灣知識者的文學敘事與理論想像》（人民文學出版社，二〇〇三年三月），卻讓我們見識了「新生代」研究者建立在「個案研究」的宏觀視野，及深厚的理論基礎。

一九九四年，黎湘萍由三聯書店出版《臺灣的憂鬱——論陳映眞的寫作與臺灣的文學精神》，頗獲學術界好評：一九九九年更以《敘述與自由——論陳映眞的寫作與臺灣的文學精神》獲文學博士學位。這部《文學臺灣》，主要是用論述的方式來處理關於臺灣文學的記憶問題，這是作者試圖探討臺灣知識者的文學寫作史（包括文學的敘事和理論的想像）的一個課題。

本書有兩大基本內容：第一編「知識者的文學敘事」，是對臺灣文學作品的研究，時間橫跨日據時期至九〇年代，內容涉及兩岸知識者在政治與文化等母題方面的文學敘事的異同，從而探討中國文學傳統在近現代的傳承變異：日據時期以來臺灣文學的「現代性」問題，包括身分認同、殖民主義和後殖民主義問題，現代主義和後現代主義問題，大衆消費社會的文學和思想等問題，以及戰後國際性冷戰結構與社會急速的發展對文學敘事的深刻影響等等。黎湘萍以「悲情」與「叛逆」來描寫兩岸現代文學的基本情緒，但他指出，這種「叛逆」，並沒有使「作爲叛逆之表達者的知識份子找到心靈的安寧，反而加強了他們內在的精神分裂，產生十分強烈的悲劇情懷」。

第二編「知識者的理論想像」，是對臺灣美學、文學理論的研究，探討從體制內游離出來的知識者，與體制外的知識者，如何逐步形成一個「純文學」的美學理論共同體問題，對文學理論和美學構建的內在動力與外在環境問題，進行了初步的梳理和闡述。黎湘萍觀察到西方二十世紀的「語言哲學」，使臺灣學者找出了可以適應動盪的外部世界的精神生活方式，進而揚棄了傳統的文學觀念，構成了具有自己獨特面貌的文學觀念和理論體系。這種臺灣當代文論的「新範式」成爲本編的焦點，作者深入探討「新範式」如何形成一個理論的共同體，它與「舊範式」的區別，它的人本主義價值與科學主義論證，它與其他社會現象（包括創作實踐、哲學與意識形態、政治、經濟等）的直接與間接的關係，以及它的社會意義或文化意涵。

作者對臺灣的社會現況有不少感慨，例如省籍問題演化成「族群」問題，不斷地被利用和政治化，令他不禁質疑：「人的出生地眞的有這麼重要嗎？（在臺灣）爲什麼有許多非常優秀的頭腦都去爲自己的身分苦惱呢？爲什麼身分問題能造成很嚴重的隔閡？」他期待透過對文學世界的解讀，可以超越意識形態的分歧，而促成相互的理解和寬容。

（二〇〇三年五月三十日）

剪不斷理還亂的閩臺情緣

幾年前，在福州與臺灣文學研究者劉登翰見面閒聊。首度聽到遠古時代閩臺之間曾有海上陸橋相連，當時心中嘀咕，這又是「臺灣是中國的一部分」論調的另一種說辭。這些年來，由於講授臺灣文學，大量閱讀相關文獻，才發現臺灣考古學家宋文薰在八〇年代初也曾提出類似的觀點：「臺灣位於中國東南大陸棚上，在最近三百萬至一萬年之更新世冰河期間，曾數次與華南以陸地相連。期間有源源不絕的華南相哺乳動物群往臺灣遷移。故在這段期間很可能有以狩獵與採集維生的舊石器時代人類，跟隨動物群移居臺灣。」印證兩岸的歷史淵源。

任職於福建社會科學院的劉登翰，主要從事臺港澳暨海外華文文學與文化研究，曾主編《臺灣文學史》（上、下冊）、《香港文學史》、《澳門文學史觀》，並著有《臺灣文學隔海觀》、《彼岸的繆斯：臺灣詩歌論》（與朱雙一合著）等。他是從臺灣文學的研究中涉及臺灣文化，一九九六年再由臺灣文化追索到閩臺文化關係。

我們和已逝的袁和平一同策畫「番薯藤文化叢書」，即是著眼探討閩臺社會、文化千絲萬縷的關係。這一系列部分著作曾獲中華發展基金管理委員會獎助出版，評價極高。

由劉登翰主編、林國平副主編的「閩臺文化關係研究叢書」（共十一冊），叢書選題包括了福建社會科學、劉登翰、林國平主持的三項國家社會科學「九五」規劃重點項目，並被列為「十五」國家重點圖書出版規劃項目。劉登翰撰寫《中華文化與閩臺社會》（福建人民出版社，二〇〇二年十二月），其他選題涉及閩臺先民文化、客家社會與文化、方言、教育、民間習俗、信仰源流、文學、民間戲曲、民居建築、民歌研究等。

臺灣與福建的關係，大量涉及移民歷史和移民文化的播遷。劉登翰以大量文獻資料為基礎，論述閩臺：「都是以中原南徙的移民為主體而建構起來的社會。稍有不同的是，在福建，中原移民南徙入閩，至宋代已基本完成；而在臺灣，則是自明末清初開始，才由南徙入閩的中原移民後裔再度大規模遷入臺灣。」從歷史上分析，閩臺都是移民社會，閩臺文化區的形成是中原文化傳播的結果。

三國時代吳國孫權派遣將軍衛溫、諸葛直率領將士萬人，「浮海求夷州及亶州」，一般認為夷州就是臺灣。劉登翰以沈瑩所撰的《臨海水土志》佐證夷州即臺灣，並引臺灣學者凌純聲所言，說明三國時代是經略臺灣之始。而在元朝至元年間，在澎湖設立巡檢司，以徵租賦，這是中國政府首次在臺灣的外島澎湖駐軍和設立行政機構。

福建對臺灣的三次移民高潮，都發生在明清時期。第一次鄭芝龍船載災民入臺，第二次鄭成功驅荷復臺，第三次自康熙至嘉慶百餘年間的移民潮。其中有經濟性移民，也有政治性移民，在嘉慶十六年（一八一一年）所做的戶口統計中，臺灣漢族人口爲一百九十萬人，原住民人口約十萬人。而在割臺前夕的光緒十九年（一八九三年），全臺人口爲兩百五十四萬人。大陸學界認爲嘉慶年間，臺灣進入移民的定居社會，「由移民所攜漢民族文化，也延播進入臺灣，並在薪火的傳承中，成爲臺灣社會的基礎並主導社會的發展方向。」

本書計分九章，首論文化地理學和閩臺文化區的形成，閩臺文化關係的歷史淵源，移民與閩臺社會的形成，閩臺文化景觀與地域特徵，社會心理與文化心態。後二章，論述日本據臺後閩臺關係中斷，一九四九年後兩岸對峙，「同質殊相的發展」；並對所謂的「臺獨」文化理論大加撻伐。近年來，臺灣學術界存在一股「去中國化」的風潮，言必稱臺灣主體性，有時反而掩蓋了歷史的眞相。早年臺灣學者尚能客觀論述兩岸的淵源、文化傳承，但在今日，多數學者選擇沉默，誰都不願被戴紅帽子，甚至被栽贓「賣臺」。說眞的，我倒挺懷念憑良知、憑史料做學問，不受意識形態打壓的日子。

（二〇〇三年七月二十五日）

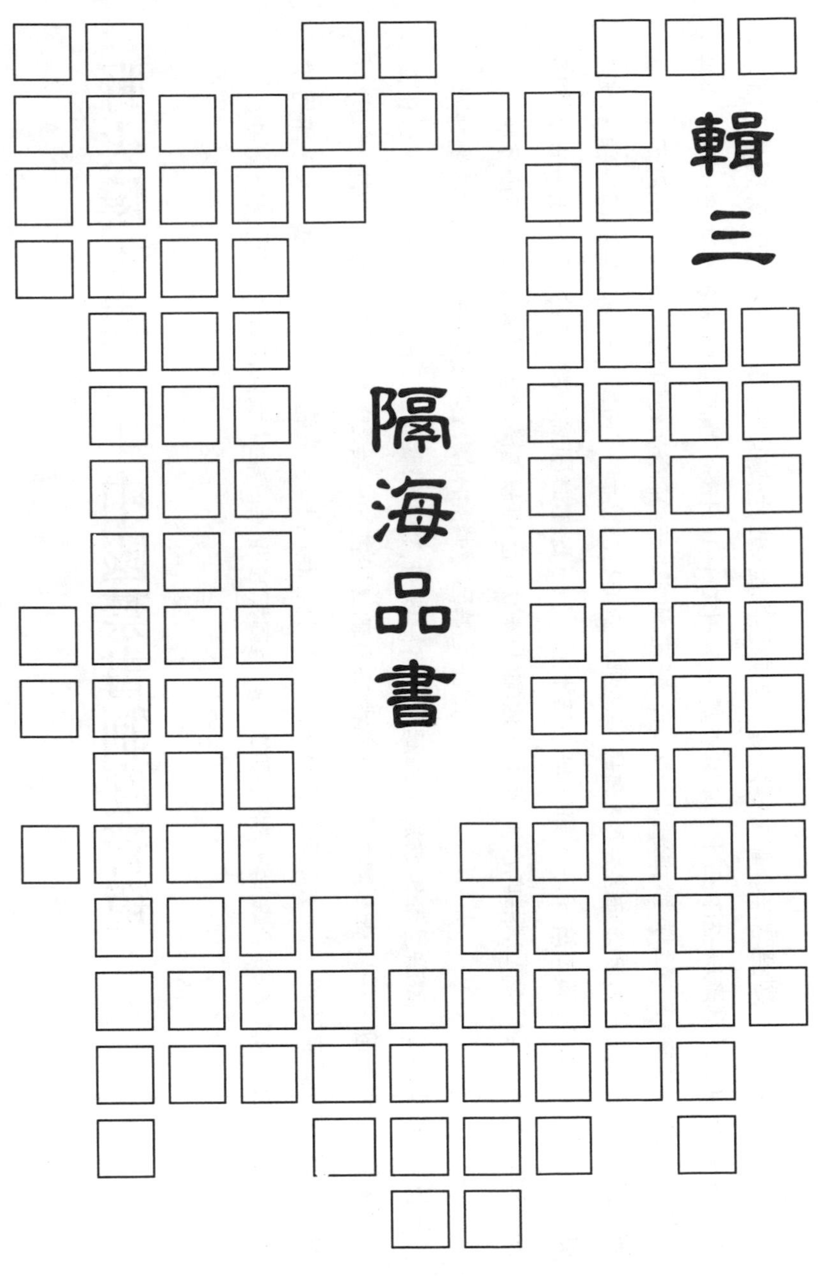
輯三
隔海品書

野火燒不盡——中國禁書制度管窺

中國禁書的歷史源遠流長，從二千年前戰國初期即拉開序幕。禁書向來被視爲是與政治統治聯繫的統治者思想文化政策的體現。公元前三六二年，秦孝公即位後不久，重用原籍衛國的公孫鞅（後改名商鞅），施行變法。《韓非子．和氏》篇中曾記載：「高君教秦孝公……燔《詩》、《書》而明法令，……孝公行之。」商鞅變法過程中發生的焚毀圖書、嚴格法令的措施，是中國歷史上第一次焚書事件，開啓了中國歷代封建王朝禁毀圖書的先河。

秦始皇統一全國後，採用丞相李斯的「禁書」建議：一、「史官非秦紀者皆燒之。」即除了秦國的史書，所有的六國史籍必須悉數燒毀。二、「非博士官所職，天下敢有藏《詩》、《書》、百家語者，悉詣守衛雜燒之。」意即：官方可以保留《詩》、《書》之類的儒家典籍，但平民百姓則絕對不允許收藏這些圖書，現存的必須送交地方官署燒毀。三、「有敢偶語《詩》、《書》者棄市。以古非今者族！吏見知不舉者與同罪。令下三十日不燒，黥爲城旦。」這是相當嚴酷的法律限制，兩個人在一塊談論《詩》、《書》便要遭到當衆處死的極刑；衆人讀古論今批評朝政，便要誅殺九族，官吏們知情不報，便要同樣判罪；焚書令頒布三十天還有人膽敢藏書不燒，便要被臉上刺墨發配去當築長城的苦力。四、「所不去者，醫藥、卜筮、種樹之書。若欲有學，以吏為師。」由此可知李斯提出的禁書中，有一些實用性圖書不燒；若要學習，必須以官吏為師。

這是一次規模比商鞅「燔《詩》、《書》」大得多的全國性焚書事件。安平秋、章培恆主編的《中國禁書大觀・緒言》中指出：「禁書的直接後果，是造成了先秦歷史的模糊（因焚燒了六國史書）和後代學術分歧（如同焚燒儒家經典而導致今古文之爭）；而間接的影響則是嚴重阻礙了中國文化朝多元化方向發展，導致了士大夫的某種消極心態。」（頁一〇）

公元前一九一年，漢惠帝廢除了秦代延續下來的「挾書律」，文化政策趨於寬鬆，從此漢代學術蓬勃開展，直到西晉泰始三年（二六七年），中國沒有發生過一起禁書案。泰始是西晉開國皇帝司馬炎的年號，他下令禁「星氣、讖緯之書」，主要是禁止民間收藏和學習。

公元四四六年，北魏太武帝下令焚毀佛經、佛像、殺僧侶，這是佛教自兩漢之際傳入中國以來首次遭遇劫難，也是中國歷史上第一次以佛教經典為對象的禁書事件。公元五七四年，建德三年，周武帝在禁止佛道二教的行動中，也包括禁毀佛經及道書，對佛道二教文化的衝擊相當巨大。

唐朝的律令《唐律疏義》，頒行於唐高宗永徽四年（六五三年），對貞觀年間制定的《唐律》中

有關禁書的條款做了詳細的闡釋。其一是卷九〈職制〉類的第二十款：「諸玄象器物、天文，北周、圖書（案：指《河圖》、《洛書》）、讖書、兵書、七曜曆、《太一》、《雷公式》。私家不得有，違者徒二年。私習天文者亦同。其緯、候及《論語讖》不在禁限。」其中，七曜曆是由印度佛教徒傳入中國，因帶有不少迷信成分，內容荒誕，因此遭禁。

其二是卷十八〈賊盜〉第八款：「諸造妖書妖言者，絞。」注云：「造，謂自造休咎及鬼神之言，妄說吉凶，步於不順者。」第八款另有一段規定：「傳用以惑眾者，亦如之；傳，謂傳言。用，謂用書。其不滿眾者，流三千里。言理無害者，杖六十。」但有唐一代，幾乎沒有發生大型的禁書事件。

這兩項禁書的法律條款，在中國禁書史上有著相當重要的地位，它們在以後的《宋刑統》、《大明律》等法典中得到全部的保留，章培恆、安平秋稱它們：「成了七世紀以來中國禁書的兩個不息的基調。」（頁二九）漢唐帝國恢弘的氣度、開放的文化政策，贏得後代以「盛世」相稱的主因。

從宋代起，實行文化保守主義，禁書的範圍擴大了，太祖晚年重申天文圖讖不得藏於私家，到太宗即位時大肆搜捕懂天文術數的人，嚴禁天文陰陽圖書。公元一〇三九年，宋仁宗寶元二年，制定了一卷包括十四個門類的禁書書目，禁止天文、律曆、陰陽術數及兵法著作的流傳。宋徽宗崇

寧、宣和年間兩度禁毀蘇軾、黃庭堅的文集，所有印版都被禁毀。這是中國歷史上首次以當代名人署名著作爲禁毀對象的禁書事件。宋孝宗淳熙七年（一一八〇年）還下詔令禁止書坊擅自刻書。在南宋後期，江湖派詩人的《江湖集》，私人所著的記述宋代史事之書，以及一些學術著作，都曾在一段時期裡遭到查禁。可見宋代統治者在思想、文化上綿密的控制。

李時人《中國古代禁毀小說漫話．前言》中指出：「明清時代的極端文化專制主義，本質上是對秦始皇『焚書坑儒』的復歸——一種文化的藐視現象。」（頁二）明代禁書的制度，主要根據《大明律》：「凡私家收藏玄象器物、天文圖讖、應禁之書及歷代帝王圖像、金玉、符璽等物者，杖一百」。所謂「應禁之書」並未明文規定，但一些被殺的士大夫的著作，誰也不敢公然刊行傳布，以免惹禍上身。公元一六〇二年，明神宗萬曆三十年，發生了逮捕李贄，並焚毀其著作《焚書》、《藏書》、《卓吾大德》等。李贄的著作並不涉及對朝政的批評，只因其內容不符合「聖學」，才落得老年下獄、割喉自殺的悲慘下場。明末，最後一部被禁的是《水滸傳》。

到了清代前期，康熙、雍正、乾隆朝大興文字獄，許多人都被無辜處死，甚至連家屬也遭殺害。清高宗時，藉修《四庫全書》，對當時所流傳的幾乎全部圖書進行全面審查。乾隆三十九年八月所下的詔諭，變成了全國性的查禁圖書工作。當時有幾類書是列在銷毀之列的：一、凡是對清朝統治有所不滿或對滿族有所鄙夷、敵視的書；二、能引起人們對於明朝的好感或者懷念的書；三、凡是跟程、朱理學相牴觸和不符合傳統道德觀念的書；四、作者有問題的，或者在書中多處引用有問題的人的著作的書。此外，從順治直到乾隆時期，對禁毀通俗小說及戲曲，絕不放鬆，到了同治年間，所有小說全部成了禁書。有清一代對小說戲曲之禁絕，一來怕蠱惑人心，危及他們的統治；二來是由於政治考量，害怕一些涉及民族問題的內容，挑起民眾的民族意識。

清末最後被禁的一批書，是維新派康有為、梁啓超、譚嗣同等人的著作，以及與此有聯繫的一些著作。稍後，還查禁了革命派鄒容的《革命軍》、章炳麟的《蘇報》及其他兩部著作，也為中國封建王朝的禁書史畫下一個暫時的休止符。

（二〇〇二年十一月八日）

回讀百年思潮滄桑

從臺北新近開業的大陸圖書專賣店購得陳飛、盛源執行主編的《回讀百年——二十世紀中國社會人文論爭》（共五卷，鄭州：大象出版社，一九九九年），雖然已不算新書，卻是一套道盡百年來中國社會人文學術滄桑的參考工具書。張岱年、敏澤在〈序言〉中即指出：「一個民族的社會人文思潮，總是和該民族的命運息息相關、休戚與共。作為一個民族的精神載體，從它的興衰遞變中，總可以直接間接地折射出該民族的歷史呼喚和心聲。」

本書所謂「百年」，原則上是指自一九〇〇年以來至二十世紀末，「回讀」的對象，則從世紀初達爾文進化論的傳播、中西文化的比較和論爭、文藝啓蒙到文學革命、馬克思主義在中國的傳播及其歷程，直到世紀末大陸改革開放後新的文化論爭、人文精神問題的討論等等，涵蓋層面廣而深。本書提供論爭的原始文獻材料，由讀者自行閱讀，但在每個論題前撰有綜述，帶著讀者一同回顧和反思。陳飛在〈後記〉中談及回讀的心情：「回過頭來，去較為認眞全面地閱讀自己所在的這個世紀，即使不能讓它『充足』起來，至少可以讓自己了解它在何處、何以如此不『充足』？」

進化論是十九世紀末至五四新文化運動時期在中國影響最大、傳播最廣的一種西方學說。它在中國是作為一種服務於近代中國救亡變法圖存的世界觀、歷史觀、方法論，在社會政治思想和哲學、歷史層面發揮重大、深遠的影響和作用。維新變法時期，康有為、梁啓超、嚴復、譚嗣同等，都對進化論做了介紹，並重視對社會進化論的闡揚，為中國近代社會變革提供了嶄新的理論和方法。辛亥革命時期，新式知識份子，以進化論作為民主革命的理論武器，孫中山、朱執信更提出「互助進化論」，批判社會達爾文主義。五四新文化時期是進化論在中國傳播的高潮，相關原著的翻譯出版，報刊的宣傳介紹，使中國人對進化論有更系統、深入、準確的認識。進化論更成為批判封建舊文化和倫理道德有力的武器。

帶有現代意義的「東西文化」問題論戰，始於一九一五年《青年雜誌》（《新青年》前身）與《東方雜誌》關於東西方文化問題的討論，到一九二七年關於社會性質問題討論成為關注焦點，前後長達十餘年。討論涉及的問題有：文化的繼承與革新、文化的階級分析、社會主義與資本主義文化問題、文化與政治及經濟的關係、物質文明與精神文明的關係、民族文化與外來文化關係等。編者在「綜述」中強調：「討論的價值不應局限於實際上解決了多少問題，許多問題可能暫時或永遠也不得獲得滿意的解決，但問題的提出，討論的深入，以及討論者所給出的解釋和答案所包含著的時

代特性等等，其本身就是極具人文價值的。」收錄文章包括：張之洞、嚴復、魯迅、陳獨秀、李大釗、蔡元培、梁漱溟、蔣夢麟、胡適等。

女權問題也是十九世紀末二十世紀初受到特別關注的問題。戊戌維新前後，康有爲、梁啓超等人就表達了女性解放的要求。辛亥革命前後，一大批標榜「女性解放」的報刊相繼問世，女性紛紛組成或加入社會性、政治性團體。在五四時期，女性解放作爲新文化運動的一個組成部分，也參與了對儒教思想、禮教綱常等傳統道德文化的批判。涉及的問題還有：女性教育、戀愛婚姻自由、男女社交公開、男女就業平等、家庭關係、貞操、娼妓等。

厚厚的五大冊，大約四百多萬字，當然還無法眞實重現當時論爭各方的看法，編者坦承割捨不同的大量文獻資料，令他們惋惜痛苦，只有在「綜述」和「作者簡介」中加以彌補。作爲文學史料工作者，我特別認同編者的一些感觸：「打開那些塵封灰埋的報刊和書籍，目睹那些雲湧喧囂躍動的情境，我們彷彿走進了『時間隧道』，面對的是一個『新』的世紀，那些早已被存入歷史甚至被棄爲『垃圾』的人文存在，在昏暗的藏室裡不斷地放射著新的光熱，以其頗不同於人們成見的話語，詮釋著我們所經歷的世紀。」

（二〇〇三年六月二十七日）

中國知識份子的精神譜系

自由主義在中國現代化嬗變歷程中是一個不容忽視的客觀存在，它比民族主義和社會主義誕生得更早，其本質是一場充滿悲劇意涵的知識份子運動。中國近現代自由主義的思潮，是在鴉片戰爭後中國社會內部的各種因素所促成的，並推動中國自由主義報刊的誕生。中國較早的啓蒙思想家、教育家和革新家，如王韜、嚴復、康有爲、梁啓超等人，都從投身新聞事業開始，拉開他們改造社會、拯救國家的悲壯生涯的序幕。

由重慶師範大學文學與新聞學院中青年教師撰寫的「二十一世紀新聞傳播知行叢書」，從各個不同的學術角度，對新聞傳播活動的歷史和現狀，進行深入的探研。其中，張育仁的《自由的歷險——中國自由主義新聞思想史》（雲南人民出版社，二〇〇二年十一月），號稱「中國第一部自由主義新聞思想史」。作者在之前另一部《自由主義在中國的十六個斷章》中，著眼從敘事的立場將新聞史上那些思想的殘片拼貼在一起，形成一種「粗獷而蒼涼的歷史影像」，寫法較近於「文化散文」。而本書偏重於研究和闡釋，將中國自由主義新聞思想及實踐的產生與發展，直至走向悲劇結局的歷

史，從文化、哲學、倫理、政治角度去解讀其悲劇的內涵。誠如王康在序文〈守住我們的精神譜系〉開門見山地指稱：「這是一份中國精神家庭的墓誌銘，中國自由主義新聞鉅子們啓示錄式的悲劇歷程，我們睽違了半個世紀的精神譜系」。

西方自由主義理論發端於十七世紀末期，至十八世紀中葉奠定其思想和政治哲學地位，但全面普及到西方的政治體制和報刊實踐，已在十八世紀末十九世紀初。一八〇七年，倫敦布道會派遣馬禮遜（Robert Morrison）赴中國傳道，他以淺白通俗的文字翻譯《聖經》，被稱爲在中國最早倡導和推行「白話文」的先驅：一八一五年八月，委派米憐在馬六甲創辦第一份中文報刊《察世俗每月統記傳》（月刊），將闡發基督教義、灌輸知識、砥礪道德作爲主要內容；馬禮遜以英文撰寫的〈印刷出版論〉一文（刊在《廣州記錄報》上），是「出現在東方報刊上第一篇介紹西方出版自由觀念及天賦人權學說的文章」（《中國新聞傳播學說史》）。

鴉片戰爭以後，洋人所辦中外文報刊急速增加，傳教士報刊當中，以《萬國公報》影響最大。該刊創辦人爲美國傳教士林樂知，他從不諱言辦報的目的，就是要利用西方的文明價值觀念，去干預和影響當時正在清廷內部開展的洋務運動。張育仁分析《萬國公報》給中國自由主義史留下深刻的影響，主要在於：一、以「大公」精神來標舉其獨立傲岸的政治立場；二、提升「主筆」的權威。在外商創辦的報紙中，一八七二年出刊的《申報》，專門聘請熟悉中國的典章文物、風土民情，特別是文化心理的中國知識份子擔任主筆或編輯，促進西方自由主義報刊思想的「中國化」轉化。一八七四年二月，王韜在香港創辦《循環日報》，正式翻開了中國報刊最富有思想價值的一頁，該報在中國所開創的「文人論政」的自由主義傳統，更是西方所欠缺的。王韜是近代中國第一個提出報刊言論自由思想的人，也是第一個將西方自由主義理念系統傳輸到中國的新型知識份子和自由主義報人，那些潛藏在啓蒙救亡表情背後的民主自由主張，深深啓迪了中國近現代一大批具有自由主義傾向的知識份子報人。

本書篇幅厚達六一四頁，四十五萬字，共分八章，前有〈緒論〉，後有〈餘論〉。作者檢討自由主義在中國眞正的悲劇成因，主要的是它的「歷史超前性」，即啓蒙思潮所呼喚和張揚的個人自由和個性解放被救亡思潮壓倒和遮蔽，這兩個相互衝突的目標，自由主義的超前性悲劇恰恰體現出歷史的悲劇，尤其是思想史和中國現代史的深刻悲劇。

（二〇〇三年五月十六日）

現代性與文學研究的里程碑

古今中外文史哲不分家的現象始終存在，在中國，儒家道家學說滲透進文學，佛教亦影響唐宋文學；在西方，柏拉圖的思想影響從來沒有離開文學領域，而文學批評更經常出自哲學家手筆。當前文學學科受到其他學科或門類嚴重的侵擾，文學研究愈來愈像是思想史、政治史或文化研究。

二十世紀八〇年代中期，黃子平、陳平原、錢理群發表〈論「二十世紀中國文學」〉，致力於打通中國近代、現代和當代的學科分野，從近代以來中國社會的現代轉化的歷史進程，整體把握中國二十世紀文學。它包括著幾方面的內涵：傳統向現代的轉化，中國向世界的融合，以新的語言審美形態表現變動時代的民族意識和歷史變革。稍後，由王曉明、陳思和提出的「重寫文學史」口號，宣稱要將「文學史研究從那種僅僅以政治思想理論爲出發點的狹隘的研究思路中解脫出來」。所有這些自覺，都指向回到歷史變動的實際過程，回到文學發生、變異的具體環節，回到文學本身和內在結構中。

陳曉明主編的《現代性與中國當代文學轉型》（雲南人民出版社，二〇〇三年一月），原是中國

社會科學院文學研究所的重點課題。編者指出：迄今爲止，大家主要關注五四啓蒙文學表達的現代性主題問題，卻較少涉及中國的現代性的本質特徵，中國文學現代性的展開方式，它在不同歷史階段的表現形式，它所隱含的複雜的美學意義等。這個課題提供一個思考的框架和共同工作的平臺，讓研究者從不同的角度去評價文學。

李潔非的〈現代性城市與文學的現代性轉型〉一文，從近現代中國城市變遷入手，來理解現代中國文學產生的根源和動力。一八四〇年鴉片戰爭，中國在屈辱和義憤中被迫開始了現代化。從「南京條約」到「馬關條約」，五十餘年內，列強迫使中國開放了二十四處通商口岸，這些通商口岸慢慢凝聚雄厚的經濟力量，成爲中國經濟和新文化的發源地，現代性的中國文學得以產生和傳播。

徐坤在〈現代性與女性審美意識的轉變〉中，將女性審美意識的轉變，放在二十世紀整體的文化轉型背景中來考察。她指出二十世紀的女性寫作，有過兩次大的高潮，一次是五四時期的女性寫作，它是對傳統反叛最有效的形式，表明了女性首次在文化舞臺上的「獨立」與「自立」；另一次是世紀末女性寫作群體的出現，那是全球化女權風潮帶來的最簡明直接後果，也跟轉型期多元文化格局及商業化浪潮的利益驅動緊密相關。這篇文章深刻論述了二十世紀的文化演進中，女性是在與現代性的遭遇中日益覺醒的。現代性之於女性的過程，就是女性自我從非理性到理性的探求過程。

白燁執筆的〈現代性與文學的政治化過程〉，探討十七年文學與政治構成的複雜關係。他認為五四後中國文學逐漸走向革命文學，帶有濃厚的政治色彩，正是文學現代性的標誌；十七年的文學所具有強烈的政治色彩，與中國現代性的文學傳統是一脈相承的，它可說是一種典型的或者說過激的現代性。

近年來致力於社會主義文化領導權和媒體權力機制研究的孟繁華，在〈文學制度與大眾文學生產〉文中，探討社會主義文化領導權建立的歷史過程，並分析了建立文學制度所仰賴的政治、文化基礎，特別是社會主義傳媒如何成功地支配民眾的情緒，並且打動民眾。

本書其他章節，還有陳仲庚的〈現代性的別處：鄉土與尋根〉，他把現代性問題的研究引入文化尋根，試圖從全球化的文化反思背景下做出一種反應。董之林的〈現代性敘事與敘述的革命〉，論述了現代性與現今當代中國的內在關係。陳曉明的〈現代性的盡頭：非歷史化與當代文學變異〉，力圖以「歷史化」與「非歷史化」解釋現代中國文學巨大的轉折。周瓚撰寫的〈前衛藝術與大眾文化〉，以文學研究的方法，考察了當代中國最激進和最廣泛的文化現象。

（二〇〇三年六月十三日）

大衆傳媒與現代文學的聯姻

自晚清大眾傳媒以報刊形式出現後，開始了中國現代化的進程。大眾傳媒與現代文學密切的關係，唯有以脣齒相依來形容。每當提起五四文學運動，總會提及《新青年》、《新潮》；論及散文的成就，《語絲》、《駱駝草》不會被人遺忘；刊登、出版小說的《小說月報》、文化生活出版社，以及刊登新詩的《新月》、《現代》等，都在文學史敘述占有一席之地。誠如一九〇一年發表在《清議報》上的名言：「自報章興，吾國之文體，爲之一變」。

二〇〇一年十一月二十日，北京大學與日本大學文理學院於北京大學召開「大眾傳媒與現代文學」學術研討會，發表五位日本學者、十三位大陸學者的論文，並出版論文集。主編之一的陳平原在附錄〈文學史家的報刊研究〉文中指出：「現代文學」之不同於「古典文學」，除了審美趣味、語言工具等因素，還與其生產過程以及形式密切相關，「在文學創作中，報章等大眾傳媒不僅僅是工具，而是已深深嵌入寫作者的思維與表達。」陳平原在二十世紀八〇年代末出版的《中國小說敘事模式的轉變》、《二十世紀中國小說史》第一卷，對報刊生產過程以及報刊連載形式，對於作家寫作

心態、小說結構和敘事方式的影響，已有較深入的討論。

日本學者的論文，是二〇〇〇年日本大學人文科學所共同研究「關於東亞近代化與後殖民主義文學的研究」成果之一部分，這個研究以日本文學、中國文學、俄國史等各自的主要專攻為立足點，一面追蹤戰爭和殖民地的歷史，一面就日、韓、俄、中及臺灣的現代，以文學和傳媒問題為中心，拓展研究範圍。其中，紅野謙介、金子明雄的兩篇論文，皆以明治時期的雜誌《太陽》或《日清戰爭實記》為線索，就中日甲午戰爭至日俄戰爭期間，日本的傳媒通過戰爭報導如何對國民的意識發揮影響加以考察。山口守的〈中國形象的虛擬——他者理解的困難〉，則從繪畫作品中尋求現代以前的歐美人及日本人如何認識中國，探討中國人形象是如何被戰爭及社會狀況所界定，並且又反過來界定人們所認識的。垂水千惠的〈呂赫若文學中《風頭水尾》的位置〉，探討呂赫若這篇收入《決戰臺灣小說集》的小說，究竟可不可以視為「偽裝」的國策文學呢？作者指出：「由普羅文學出發走向國策農民文學的呂赫若的歷程，與日本的轉向作家之間有不少一致之處。」

大陸學者的論文，論述的大眾傳媒，包括從晚清的《女子世界》，五四時期的《新青年》、北大學生刊物、《語絲》；三〇年代的《現代》、《無軌列車》、《新文藝》和舊文人雜誌《青鶴》；沈從文《長河》中出現的《申報》；九〇年代的「女性文學」與女作家出版物；九〇年代末的紅色懷舊（電影、先鋒戲劇等）。上述的論文不乏從思想史、文學史、報刊史三者的互動中，詮釋其文化／文學價值，如陳平原的〈思想史視野中的文學——《新青年》研究〉，即從《新青年》同人的自我定位、後世史家的研究，以及作者對五四的理解，首先將《新青年》還原為「一代名刊」，在此基礎上，發掘其在思想史／文學史上所可能潛藏的歷史價值及現實意義。

這一次研討會，因研究對象及專業視野所限，大多從「報章與文學」這個角度立論，對其他媒體，如廣播、電視等則未涉及。在具體論述大眾傳媒與現代文學的關係時，還可能涉及紀實與虛構、思想與文學、文學與圖像、運動與創作、潮流與個性、生產與接受等一系列重大問題。這是一個值得臺灣學術界共同投入研究的領域。

（二〇〇三年八月八日）

填補譯介史的空白

一八九九年，王壽昌和林紓譯述《巴黎茶花女遺事》，可視爲中國近代譯介歐美文學的起步。「五四」以後的譯介活動愈加興盛，對中國文學、文化觀念的發展，產生過極大的影響，並催生了話劇和新詩這些文學新品種。

學術界對歐美文學譯介研究，始於三〇年代，陳子展《中國近代文學之變遷》、王哲甫《中國新文學運動史》，都設有「翻譯文學」的章節；出版於四〇年代，田禽《中國戲劇運動》，亦有「三十年來（一九〇八～一九三八）戲劇翻譯之比較」一節。這些論述，印證了翻譯文學與中國現代文學密不可分的關係。

王建開著、陸谷孫主審的《五四以來我國英美文學譯介史一九一九～一九四九》（上海外語教育出版社，二〇〇三年一月），本爲大陸國家社科基金規劃辦公室批准的「九五」資助項目，原先設想分成三部分：一九一九～一九四九、一九四九～一九六六、一九六六～一九九六，後因有孔致禮的《一九四九～一九六六：我國英美文學翻譯概論》（譯林出版社，一九六六年十二月）問世，又因一

九七八年後有一次外國文學及文論的譯介高潮，內容太多，要做總結和歸納太耗時，故割捨一九六六～一九九六這一部分。

研究翻譯文學，歷來的論著，大都是從史料的角度，對不同階段的譯介狀況作描述，並從中引出一些結論性的意見。本書又運用理論系統，從其幾個視角切入作觀察，力求「史中有論，論中有史」。作者在〈前言〉歸納本書的幾個特色：一、充分占有資料，讓史實說話，並在此基礎上，歸納、發現一些獨特的現象。二、闢出專章，對文藝期刊的文學譯介深入探研，並梳理了期刊的翻譯專號和英美文學專號。三、現代三十年翻譯界的許多事件，有其前因後果，其影響力往往超越當時，持續至今，本書對延續過程作必要的說明，以求見木見林。四、對多數外國作家和作品的原文名稱，作了查證，方便後來研究者。

「五四」以後的英美文學譯介，一開始便呈現繼承和批判的特點：一方面持續大力擴展已形成的引入態勢，一方面也對此前存在的問題提出討論和反思。二十世紀初譯壇代表人物林紓，正是在此反省中首當其衝。林紓本身不懂外文，依賴合作者的口述，而他與人合作的譯述，又多冒險、凶殺、探案一類迎合市民趣味的消遣之作，這正是五四以後的文壇所反對的。胡適曾感慨：「現在中國所譯的西洋書，大概都不得其法，所以收效甚少。」所以，他建議：只譯名家著作，不譯第二流以下的著作。傅斯年隨即附和胡適的名著呼籲。

至於該選譯哪一類作品，在二〇年代文壇曾引起文學研究會和創造社之間的論辯。文學研究會的鄭振鐸，主張翻譯應有兩層作用，一、能改變中國傳統的文學觀念；二、能引導中國人到現代的人生問題，與現代的思想相接觸。所以，他認爲要緩譯古典主義的作品。創造社的郭沫若，則不同意以年代劃分作品的價值，他相信：「凡爲眞正的文學上的傑作，它是超過時代的影響，它是有永恆生命的。」當時更多的人是以社會的實際需要作爲譯介的選擇標準。本書作者以大量史料，得出觀察結論：「批判時弊的意識、結合國情現實的譯介觀漸成趨勢……」這爲五四以後中國接受外國文學確立了新的方向，堪稱中國現代譯介史上的一個轉折點。

現代文學三十年間譯介的歐美文學作品近四千五百部，在本書詳列幾組數字，分別呈現外國文學譯介數量、文學譯作叢書數量，並分析幾種不同類型的譯叢，如：世界少年文學叢書、綜合類及普及類叢書中的文學譯作，及英漢對照文學叢書。此外，一本多譯的現象也是作者關注的；另有著、譯合集，在文藝期刊、現代作家的著作中屢見不鮮，反映了著、譯之間是相互滲透而不分。外國翻譯文學的興盛還導致一九三四年被命名爲「翻譯年」，足見外國文學譯作對中國現代文壇深遠的影響。

（二〇〇三年九月五日）

全球化語境下的文化自覺

二〇〇二年八月二日至十二日，由中外文化文藝理論學會、陝西師範大學、新疆大學、《文學評論》雜誌和上海社會科學院上海研究中心主辦的「全球化語境與民族文化、文學的前景國際學術討論會」，分兩個段落在陝西師範大學和新疆大學兩校舉辦。會後論文由童慶炳等主編，結集爲《全球化語境與民族文化、文學》，由中國社會科學出版社出版。

早在一九九八年，大陸學者俞可平主編第一套「全球化論叢」時，在〈總序〉中即指出：「全球化既是一種客觀事實，也是一種發展趨勢，無論承認與否，它都無情地影響著世界歷史的進程，無疑也影響著中國的歷史進程。」在經濟全球化的背景下，當代中國文化建設和文學發展面臨著趨同化和求異化的矛盾。

北京師範大學童慶炳教授借用文化進化主義和文化相對主義兩種理論來論證：文化進化主義的基本思想是文化的趨同化，「世界上一切民族的文化最終都趨同到西方先進文化的旗幟下」；文化相對主義的基本立場是文化的趨異化，主張文化的民族性的延伸與發展，「如果只是保持原有文化

形態……而不與別的民族文化碰撞、對話、交流、融合」，就可能會失去文化發展的活力。

童慶炳提出：中國的文化立場應該是符合人性發展的「開放型民族性」，在全球化過程中保持民族個性，向世界各民族開放，在對話中交流，鎔鑄出具有新質的文化來。他標舉人性作為吸收中國古代和外國文化的標準：「凡是符合人性的，不論中外，我們都要大膽吸收，凡是不符合人性的，我們都要排斥。」

會中唯一來自國外的俄羅斯美學家包列夫以〈世界文學、全人類文學與全球化問題〉為題，指出：十九世紀世界文學進程開始形成，歌德最早引入了「世界文學」這一概念。在二十世紀，世界文學日趨走向全人類文學，這一新質的產生動因，一是從二十世紀中葉起各民族文學的相互作用開始積極化和精細化；二是對外語更廣泛的把握，使得高質量的翻譯作品大量產生；三是二十一世紀一開始就面臨網際網路對文學生產和傳播所帶來的影響，使得文學原則上的新質「全人類性」與「全球性」有可能實現。包列夫憂心全球化也可能是強國霸權的表現，而導致對民族生產與民族政治體系的壓制。文學進程的全球化傾向可能給民族文學傳統帶來壓迫，也可能使嚴肅文學受到大眾文學的擠壓。但他樂觀地看待文化全球化，指出它也是各種藝術之流匯入人類文化藝術海洋必不可少的、且合乎規律的進程，從而得出預測：在二十一世紀形成的全人類文學，將不會失去民族特色，也不會失去民族傳統這一根基。

會議主要議題還包括：全球化語境下中國古代文論現代轉換的命運及態度；樹立自信的學術研究心態，堅持多元的學術研究方法等。北京廣播學院蒲震元教授在〈和實生物，同則不繼〉一文中呼籲：在當前全球化語境中，應當進一步做好中國傳統藝術理論的「現代價值轉化」工作，也即是全面認眞的整理、批判、繼承、發展、創新；此外，應自覺加強現代詮釋意識，建立中國當代詮釋學理論，爲中國當代文化的研究提供基礎。

（二〇〇三年四月十八日）

「歷史」和「敘述」之間

從事大陸當代文學教學多年，卻始終無緣親聆大陸名師的講授，彼此切磋，深以為憾。我向來是把四〇年代「毛澤東延安文藝講話」視為大陸當代文學的起點，並不採用一九四九年政權的輪替作為「現代」與「當代」的界限。近年來，大陸學界掀起文學史方法論的討論熱潮，許多學者不約而同地指出：當代文學的生成或發生，應該是四〇年代下半期到五〇年代。北京大學中文系教授洪子誠在《問題與方法——中國當代文學史講稿》（北京三聯書店，二〇〇二年）一書中，提醒研究者：對「當代文學」歷史的敘述，應該從四〇年代後期開始，包括文藝上的一些論爭，文藝創作的情況，文藝界各種力量的對比、組合、調整、衝突等。

洪教授這本書，列為「三聯講壇」，與一般學術著作不同的是，根據他在北大講課的錄音整理而成，而且「不避口語色彩，保留即興發揮成分，力求原汁原味的現場氛圍」。當然，不可能完全呈現講課的「真實」情景，有不少修改、補充置於專闢的邊欄空白處，編者在一些應當細味深究或留意探討的精要表述，則抽提並現於當頁的天頭或地腳。洪教授這門課的課程名稱是「當代文學史問

題」，主要是談「當代文學」的生成過程，計分爲七講：當代文學史研究現狀、立場和方法、斷裂與承續、「當代文學」的生成、文學體制與文學生產、當代的文學「經典」、當代文學的「資源」。

在過去的當代文學史研究中，「當代文學」常被看作因政權更迭、時代變遷而自然產生。洪子誠並不認同這一種說法。他強調：「當代文學」的生成過程，可以看作是中國左翼文學在四〇、五〇年代之交的演化；它與另外的文學力量、文學成分的緊張、複雜關係；它確立了怎樣的文學綱領、路線；以及如何建構它的「當代形態」。

洪子誠從學科關係觀察到當代文學史研究被忽略的問題，一是「當代文學」作爲一個學科，是自五〇年代就開始積極建構，也基本確立自身的學科話語，包括它的體系、概念、描述方式；二是八〇年代以來，「現代文學」表現了對「當代文學」的強大優勢和壓力，但是，在五〇至七〇年代，卻是「當代文學」高於「現代文學」。洪子誠也注意到八〇年代後期以來，一些研究者尋求新的「學科話語」的嘗試，如陳思和對「戰爭文化心態」和「潛在寫作」的提法；黃子平對「革命歷史小說」的考察；以及唐小兵等人的「再解讀」，不僅注意文學文本，並兼及戲劇、電影等藝術文本。

八〇年代初，唐弢等學者曾提出：「當代」文學不能寫「史」的看法。這個論點牽涉到對「歷史」的理解，以及所持的「歷史觀」。洪子誠引述海登・懷特（Hayden White）在《後設歷史學》一書的觀點，指出「歷史」和「敘事」之間存在某種的關聯，所以，歷史的寫作層面，即具有「文本性質」的敘述活動，「這種活動，都會受到某種『隱蔽目的』的引導、制約，研究者的歷史觀，他對事情的觀點、趣味，必定要投射到他對『過去』所作的敘述中。」基於以上的理解，洪子誠也為我們解開了八〇年代中後期，大陸興起的「重寫文學史」的寫作動機。

洪子誠主要的文學史著述還有《當代中國文學概觀》（與張鐘等合著）、《當代中國文學的藝術問題》、《作家的姿態與自我意識》、《中國當代新詩史》（與劉登翰合著）、《中國當代文學概說》、《一九五六：百花時代》、《中國當代文學史》等。

（二〇〇三年四月四日）

「重寫」與「重評」之間

二十世紀八〇年代中期，大陸學術界積極運作「重寫文學史」。文學史之所以要不斷地重寫，主要是評價文學的標準不斷地變動著，只要經歷了一次重大的評價標準的變化，必然隨之出現一次重寫文學史的行動。中共政權成立之後，提出新的標準，以毛澤東的《講話》作爲文藝的方向，指導作家描寫新興階級覺醒和鬥爭的作品，爲革命運動服務。在文藝批評上，確立了「政治標準第一，藝術標準第二」的原則，深刻影響了文學的發展。

大陸當代文學研究，指的是一九四九年以來發生在中國大陸的文學現象，作家創作以及這一階段文學總體的歷史演進。它是與大陸當代社會歷史的發展同時成長，一般來說，包括對當代文學現狀的批評和文學史研究。現況批評注重文本的分析、評價、闡釋，它要求評論者具備豐富的文學修養、敏銳的眼光和準確的政治判斷力。文學史研究則是在現狀批評的基礎上，進行整體性、綜合性、深入的研究，試圖從創作和文學思潮中發現規律，總結成敗得失，所以研究的範圍涵蓋作家論、文學史寫作和文學思潮的研究。

由北京大學中文系教授洪子誠主編的《當代文學研究》（北京出版社，二〇〇一年十二月）是「二十世紀中國文學研究」系列其中一冊，叢書分為十卷十二分冊，近六百萬字，是北京市哲學社會科學「九五」規劃重點項目。新聞出版總署「十五」重點圖書出版規劃，堪稱是二十世紀的中國學者對上古至二十世紀九〇年代的中國文學研究成果總匯，特邀季羨林任名譽主編。

五〇年代的大陸文學始終處於意識形態詢喚機制的監控狀態中，文學被要求在規定的文學觀念引導下，沿著規定的方向發展。「當代文學」這一概念出現於五〇年代後期，當時出版了許多文學作品結集、選集，還有報刊上的評論專集，評述十年間文學的總體成就，與此同時，也出現了冠以「當代文學史」或「新中國文學」名稱的評述，被視為當代文學史研究的開始。

本書計分八章：第一章「緒論：當代文學研究概述」，論及「當代文學」學科的建制，相關的文學論爭，當代文學研究的兩階段。洪子誠指出：「五〇年代至七〇年代是一個階段……從事當代文學批評的主要是一些文學權力機構所屬的批評家，以及研究所的文學研究人員」，「這一階段以一種社會／歷史批評的理論批評話語占主導地位，它建立在泛階級論的哲學前提之上」；進入八〇年代，「文學研究力量重心轉移到大學、科研單位，學院批評的力量壯大起來」，進入九〇年代以後，「還出現了自由撰稿人式的批評家；另外，一部分報刊雜誌的編輯也加入了批評的隊伍中來」。這一階段隨著西方批評理論的引介，當代文學研究話語趨於多元。

第二、三章主要是對「當代文學思潮和文學問題」研究成果的評述，涉及文學時期劃分和總體評價，討論了黃子平、陳平原、錢理群提出的「二十世紀中國文學」及陳思和的「新文學整體觀」；重評五〇年代初的「批判運動（《武訓傳》、俞平伯《紅樓夢》研究的批判）和「百花文學」。前者，確立了文藝工作者的馬克思主義世界觀，還爲當代文學和文學研究確立了唯一合法的研究和批評方法；「胡風集團」及胡風文學思想、「文革文學」問題，向來是較有爭議或薄弱的研究環節，但在九〇年代以來，都有學者投入此一研究領域。緊接著是對八〇年代以來發生的幾種重要的文學批評思潮，包括八〇年代文學主潮、「現代派文學」討論、文學的「主體性」問題等，進行專題性探討。

第四至七章，分體裁對大陸當代詩歌、小說、散文、戲劇進行考察，第六章則專對八〇、九〇年代小說思潮、先鋒小說、女性文學、通俗小說、小說形態和小說觀念等，提出來討論。第八章「資料整理與文學史編寫」，著重概述當代文學資料的整理和文學史編寫的情況。

（二〇〇三年七月十一日）

民間立場的知青文學史

二十世紀八〇年代編寫的大陸當代文學史，一向把「文革」十年視爲文藝的「空窗期」，僅存在一些依據「三突出」公式創作的「遵命文學」。一九九三年一月，楊健的《文化大革命中的地下文學》一書出版後，才首度披露與「遵命文學」對峙的「地下文學」。

「文革」初，當「紅衛兵文藝」浪潮興起時，在極左的「紅衛兵語言」中，已經潛伏了一種獨立意識和新話語系統。地下文學運動通過對文革話語的反叛，建立自己的話語系統，並形成獨立的思想意識。

由於「文革」期間大規模的焚書、禁書活動，地下文學作品的蒐集並不容易，楊健在這本專著中就以蒐集、彙編、歸納有關「地下文學」的資料爲主要任務，著重在介紹環繞「地下文學」活動的社會、政治背景，追溯、探尋這一運動的起源和背後的動因。

二〇〇二年初，楊健再度推出一部具有自由思索和民間立場的《中國知青文學史》，由中國工人出版社列入「中國知青民間備忘文本」系列。知識青午上山下鄉的政策，是從二十世紀五〇年代中

共政權動員農村中小學生回鄉務農開始的，在六〇年代逐步發展成為動員城鎮知青大規模上山下鄉。知青文學是上山下鄉運動的產物，只有全面研究「文革」和上山下鄉運動，熟悉知青一代成長的社會環境，才能深入了解知青文學發展的內在規律。楊健就把知青文學的發展歷史看成一代人文化、思想的成長史。

本書將知青文學的發展分為五個歷史時期。

第一階段（一九五三～一九六六）是形成時期。五〇、六〇年代大陸城市化進程的停滯和倒退，是知青上山下鄉運動形成的最初動因。每當教育、經濟形成周期性的大起落，就會有一次動員知識青年上山下鄉的高潮。政治上的動盪、經濟決策上的失誤，每次都以大量青年的不能升學和被送往農村為代價。知青正是這種「城鄉分治」政策下的祭品。

第二階段（一九六六～一九六八）是過渡時期。紅衛兵文學是在「文革」當權派的直接領導和控制下發展起來的，但是到了紅衛兵運動的後期，新生代掙脫了權威意識形態的束縛，開始發出自己的聲音。紅衛兵文學為知青的民間寫作奠定了基礎。

第三階段（一九六九～一九七八）是發展時期。兩大知青群體——兵團知青和插隊知青，分別處於社會化和亞社會化兩種狀態；相應的知青文藝也呈現組織化與非組織化兩種文學形態。兵團知

青的文學活動，以官方組織的「三結合創作」和各級宣傳隊的宣傳演出占絕對優勢。插隊知青則進入民間寫作的領域。

第四階段（一九七八～一九八九）是新時期的知青文學。隨著改革開放的進展，新時期的知青文學橫跨了傷痕文學、改革文學、尋根文學、朦朧詩潮和新現實主義等文學發展階段，並逐漸建立起相對獨立的話語體系。

八〇年代前期知青文學的代表作包括：《傷痕》（盧新華）、《蹉跎歲月》（葉辛）、《人生》（路遙）、《這是一片神奇的土地》（梁曉聲）、《我的遙遠的清平灣》（史鐵生）、《本次列車終點》（王安憶）、《南方的岸》（孔捷生）……；八〇年代中後期的代表作包括：阿城的「三王系列」（《棋王》、《樹王》、《孩子王》）、《大林莽》（孔捷生）、《新星》（柯雲路）、《桑那高地的太陽》（陸天明）、《雪城》（梁曉聲）、《黑駿馬》、《北方的河》（張承志）、《血色黃昏》（老鬼）、《繼續操練》（李曉）、《煩惱人生》（池莉）、《六九屆畢業生》（王安憶）……。

第五階段（一九九〇～一九九八）是後新時期的知青文學。知識群體內部形成「知青學人」和「知青作家」兩個文化群體，「私人敘事」與「宏大敘事」的話語分歧日漸突出，前者因處社會文化的邊緣，明顯地被後者所掩蓋。

知青文學在九〇年代後期，逐漸出現頹勢，作品數量銳減，終於在二十世紀末開始全面退潮。「中國知青民間備忘文本」系列的策劃者岳建一說：「知青文學的精魂是具有民間立場的民間記憶……中國知青文學的希望在於眞正進入民間文本的時代。」楊健的寫作中體現了這一思想。

（二〇〇三年五月二日）

二〇〇一年中國大陸考古新收穫

中國現代考古學是由瑞典地質學家約翰·安特生（John Anderson）的工作開啓的。一九一四年，安特生接受中國政府聘請，來華擔任礦政顧問，任職於中國地質調查所。一九二一年，安特生和他的考察隊因在周口店和仰韶村的發現，識別出了中國的舊石器時代和新石器時代。此後，在中外考古學者通力合作下，發現了相當完整的三個北京人頭蓋骨，震驚全世界。

二十世紀的考古成果豐碩，較爲國人所熟悉的，有河姆渡遺址、西安半坡遺址、牛河梁遺址女神廟、殷墟、山西侯馬盟誓遺址、曾侯乙墓編鐘、雲夢睡虎地秦簡、始皇陵與秦兵馬俑、長沙馬王堆漢墓、沂南畫像石墓、樓蘭古城、敦煌莫高窟佛教藝術、乾陵及其陪葬墓、法門寺地宮、前蜀王建墓、明定陵……。

中共「國家文物局」近年來從國家批准的眾多考古發掘項目中，遴選出當年田野考古工作中具有代表性和重要學術價值的成果編輯成書，以展現考古工作的完整面貌與學術水準。入選《二〇〇一中國重要考古發現》（文物出版社，二〇〇二年九月）共有二十五項，時代上起舊石器時代，下至

明清，地域遍及大江南北和邊疆地區。

在史前考古方面，距今兩百萬年前的泥河灣馬圈溝遺址第三文化層中，發現了一組石製品、動物遺骨和天然石塊構成的人類餐食活動的場景。這些重要的遺蹟現象，生動地勾勒出當時原始人類群體肢解動物遺骸、敲骨吸髓、剖肉取食的生活場面。江蘇江陰祁頭山遺址爲新石器時代馬家濱文化時期一處重要的大型聚落遺址。墓葬中出土的隨葬品極具特色，有陶器、釜（炊器）、紅衣、彩陶、玉器等。浙江桐鄉新地里良渚文化遺址，是目前發現墓葬數量最多的良渚墓地，出土了陶、石、玉、骨牙、木等各類質料的遺物一千八百餘件。爲探討從崧澤至良渚的社會演變，以及圍繞著以埋葬爲核心的先民意識形態與行爲內容的變化，提供了重要的資料。一百餘座墓葬的資料，也爲探討良渚文化時期的埋葬習俗、社會組織結構和社會狀況，提供了重要的信息。

商周考古方面，四川成都金沙遺址已清理和發掘出土的金器、銀器、玉器、石器、陶器、銅器、象牙骨器等，共兩千餘件，種類豐富，製作精緻，與廣漢三星堆出土的同類器物既相似，又具有較強的自身特色。據研究，金沙遺址可能是繼三星堆之後，在成都地區的又一處政治、經濟、文化中心，與其他區域的古文化有著密切的聯繫，與中原地區的關係已十分密切，證明了長江上游地區和下游地區在三、四千年以前就有文化交流。安陽殷墟花園莊五十四號墓是一座保存完好的貴族

墓葬，出土的青銅禮器共四十件，多有銘文「亞長」兩字，「長」字屬族名，在甲骨文中即有記載，說明在商王朝鼎盛時期，「長」姓氏深得商王器重。

春秋戰國時期的考古方面，河南新鄭鄭韓故城發掘的春秋貴族墓和大型車馬坑確定了鄭國公墓區的位置，意義重大。山西侯馬西高村的祭祀遺址是侯馬地區發現的第十一處祭祀遺址，其年代約在春秋晚期、戰國早期階段，祭祀對象應爲汾河之神臺駘。此遺址出土遺物數量豐富、種類繁多，特別是玉器，製作精美，工藝高超，爲侯馬其他祭祀遺址所不及。

秦漢考古方面，廣州發掘、清理出一處南越國時期的木構水閘遺址，同時在閘口處還發現了東漢時期可能是城牆建築的基礎。江蘇連雲港孔望山遺址群經過多年調查與發掘，被認定爲早期道教遺存，時代自東漢至東晉晚期，其造像、石刻對當時的佛、道關係和道教發展史，提供了重要的線索。

限於篇幅，無法一一列舉每一項重要考古發現的內容，誠如本書〈前言〉所說：「如果說每年一本的中國重要考古發現快報猶如一座里程碑，那麼碑銘上鐫刻的考古發現，就是中華民族文明發展的眞實紀錄，是對世界文明的貢獻……」對這些辛勤的考古工作者，我們致以崇高的敬意！

（二〇〇三年一月三日）

雅作俗時俗亦雅

中國人大約在西周時代產生「俗」這個概念，進入戰國時代以後，「俗」成了人們經常談論的話題，指的是風俗或民俗，後來，又引申出「世俗」的涵義。而俗的對立面「雅」，原本是諸夏之「夏」，是指周王室所在的地區，所以，雅也是一種俗。周王室所在地區之俗，除了生活習慣之外，必定還有超乎地區特點之上的其他文化因素，那才是「雅」的所指。

文學就其本質而言，是以「通俗」起家的，自人類社會發展到腦力勞動與體力勞動有所分工時，雅文學就獨立發展，但不時還從俗文學吸收養分使自己茁壯。俗文學與雅文學的互動與融合，是文學史上值得探討的議題。雖然，五四新文學運動以來，已有魯迅《中國小說史略》、胡適《白話文學史》、鄭振鐸《中國俗文學史》等，重視俗文學，以補正統文學史偏愛雅文學的不足與缺失，但直到二十世紀八〇年代，大陸文學史研究者才開始對通俗文學的價值做出了初步的肯定。

由范伯群、孔慶東主編的《通俗文學十五講》（北京大學出版社，二〇〇三年一月），列爲「大學素質教育通識課系列教材」，這是由北京大學發起，大陸十六所重點大學和一些科研單位協作編寫的一套大型教材，全套預計出版一百種，涵蓋文、史、哲、藝術、社會科學、自然科學等各主要學科領域。由北京大學校長許智宏出任編審委員會主任，該校中文系主任溫儒敏任執行主編。這套系列教材充分考慮到通識課教學的特點，除了有一定的知識系統、相對獨立的學科範圍和專業性，特別強調不能講成專業課，也不能只是將專業課壓縮或簡化。為了配合通識課的授課時數和授課對象，設計為十五講，正好講一個學期。本書前五講由蘇州大學范伯群教授撰寫，蘇州大學是中國通俗文學研究重鎮，范教授是這塊園地辛勤耕耘的園丁，培植出一大批通俗文學研究人才，如劉祥安、湯哲聲、陳子平、陳龍等，亦是本書各講的撰稿者。范伯群負責的五講可視為「概論」，分別介紹俗文學概說、通俗文學的源流、通俗文學的現代化、承繼譴責餘風的通俗社會小說、從哀情到社會言情小說。其他各講論述武俠小說、偵探小說、歷史小說、科幻文學、張恨水、金庸等。

范伯群首先析論俗文學四大子系：一、通俗文學子系：包括通俗小說、通俗戲劇等。二、民間文學子系：指民間口頭文學、集體創作、集體修改、經蒐集雅文學分支整理而成的文本。三、曲藝文學子系：或稱講唱文學、說唱文學子系。它是民間藝人或文人擬作的說唱、曲藝的底本。四、現代化的音像傳媒和網絡中屬於大眾通俗文藝的文學文本。

通俗文學歷經了從被蔑視到被肯定的歷程。在古代，一般是採取了「總體蔑視」與「分體升格」

的對策。范伯群指出：當他們覺得有些俗文學已成爲影響廣遠的傳世之作時，雅文學對它們也到了無法不予正視的地步，於是往往採用「懷柔」手段，一種類似「招安」的策略；招來並使之安寧。似乎它們本來就是經典，而不是屬於通俗文學的古典名著，如《三國演義》、《水滸傳》、《西遊記》等；或者用幾大奇書的排名，沖淡它們的俗文學本質。

在現代文學階段，新文學作家對繼承中國白話小說傳統的通俗文學作家，是一概予以否定的。孔慶東在「雅俗融合」最後一講中提到：「此後的雅俗對立在某種意義上轉化爲中西對立、新舊對立、傳統與現代的對立。」但儘管時代變遷，通俗小說始終把握幾個標準：一、與世俗溝通；二、淺顯易懂；三、娛樂消遣功能。有些優秀的通俗文學還包蘊教化功能，並能「寓教於樂」。

通俗文學的價值是多方面的，從社會學、民俗學、經濟學、地域史的視角去閱讀這派的小說，我們能看到一幅清末民初社會體制急遽變革的圖像；得到西潮登陸與固有傳統習俗相對抗相融合時，民俗細緻的變異過程；它也提供了商場爾虞我詐的交鋒，華洋經濟消長、結構性的轉變；更能感性認知京海等大都會的歷史，一批文化名城的崛起史，以及屈辱的租界史。今日的文學史研究者已將近現代通俗文學納入研究視野，總算還通俗文學一個公道。

（二〇〇三年十月二日）

女性主義在中國大陸的傳播

十九世紀末二十世紀初，中國出現過女性解放運動，發起人幾乎全是男性，他們的主張和觀點大致有三個方面：一是爭取女性人身和心靈的解放，如反對纏足、穿耳、守節等；二是呼籲尊重和恢復女性的「自有」權利，如男女平等、女子受教權、女性謀生就業機會以及經濟獨立等問題；三、把女性解放和國家的存亡、社會的進步和民族的自強等聯繫起來。

李小江在《女性？主義——文化衝突與身分認同》一書中指出：那一時期的女權主義是「作為現代話語的一支號角被中國知識男性所吹響」，到了新文化運動，「有話語權的男性更是把女權主義作為現代文明標誌來宣傳，作為抵抗儒家三綱五常的有力思想武器來散播。」

中共政權成立後，女性一直把自己的命運與國家的政治命運聯繫起來，所以從五〇年代到八〇年代，塑造了一大批「不愛紅裝愛武裝」的男性化的女性人物，女性的身分從來沒有被獨立界定、獨立思考過，而女性自身也習慣用男性的眼光來衡量自己解放的程度。

女性主義文學批評在二十世紀最後二十年，對中國大陸文藝理論界造成巨大的影響，有關它的傳播過程，對女作家創作的影響，及女作家對女性主義的接受，都是值得深究的論題。西慧玲的《西方女性主義與中國女作家批評》（上海科學院出版社，二〇〇三年八月），列爲「比較文學與文化叢書」，叢書編撰背景，是「從不同的層面展開研究，爲異質文化背景下的文學做出新的闡釋與體認」。本書是從人性的角度對女性進行重新詮釋，她從中國大陸當代的女性創作對女性生存格局的綜合考察和哲學反思中，來推理這個時代的女性特徵，並挖掘被性別文化鏈條捆鎖著的女性意識、女性體驗與女性經歷。

本書共分五章：作者首先介紹〈女性主義的形成與發展〉，從十八世紀的《女權宣言》、《女權辯護》的提出，到婦女運動在本世紀形成第一個高潮；從婦女運動的兩種主要的理論傾向：要求平等（強調兩性的相似之處）和強調特性（強調兩性的相異之處），到對傳統女性主義發展有重大影響的西蒙・波娃、維吉尼亞・吳爾芙、貝蒂・佛里丹（Betty Friedan）的介紹；二十世紀六〇年代以來，女性主義文學大致經歷了三個階段，作者介紹了美國和法國的女性主義文學批評及其差異；最後介紹當代女性主義的流變，如黑人女性主義、第三世界女性主義、後現代女性主義、後殖民女性主義、生態女性主義等。

第二章〈女性主義在中國大陸的傳播〉，詳細論述西方女性主義理論在中國大陸的譯介過程中，初期引起的質疑；女性主義與中國文化的對接；女作家由拒絕到接受女性主義理論的心理剖析；作者在本章點出一個關鍵問題；西方女性主義文學批評是以女權運動為背景，而中國大陸的社會主義制度，已給予婦女法律、政治上的平等權利。就因為中國大陸女性在自己的生存處境裡，還未產生「被壓迫」的危機感，所以婦女的生活以男性模式為樣板，完全忽略了自己作為個體女性的生命慾望。

第三章〈女性主義各主要流派對中國女作家創作的影響〉，將張辛欣的《在同一地平線上》和張潔的《方舟》，視為中國大陸女性主義文學的起點：八〇年代中期以來，又有王安憶的「三戀」小說（〈小城之戀〉、〈荒山之戀〉、〈錦繡谷之戀〉），及諶容、張抗抗、殘雪、池莉等突出性別意識的作品；八〇年代末，鐵凝的《玫瑰門》，更為女性文學開闢了一個新的領域，「第一次揭示了女性生命意識的覺醒，第一次表現了不以男權為中心世界的意志為意志的女性的主觀意志」；九〇年代的中國大陸文壇，出現一批被稱為用「軀體寫作」的女作家，如林白、陳染、海男、張欣、徐小斌等。

第四章〈中國女性創作對女性主義的接受〉，從三位典型的中國大陸女性主義代表人物王政、戴錦華、李小江身上，尋找女性主義被接受的最基本因素：女性群體中女性意識的空白；女性主義理論被接受之後，中國大陸女作家的小說創作也開始對女性主義觀點的過濾吸收；中國大陸女性寫作

呈現的新的特質包括：否定意識、邊緣狀態、私人形式、都市情結、解構主義的男性關懷；另外，從幾位代表性女作家的個性寫作來印證她們對現代創作理論的接受。

第五章〈中國文化背景中的女性主義文學批評〉，則是探討異質文化之間的互補、互證、互識，以及多元文化與中國文學經驗的整合，中西批評理論如何共處的原則等。

（二〇〇三年十月十七日）

文學「雙城」記

二十世紀二〇、三〇年代，文學流派的出現和繁榮，是中國現代文學接受外國文學思潮的影響，流派的形成，離不開社會、政治、文化的因素，在它作爲一個有生命的文學構成的過程中，要具備五個要素：風格要素、師友要素、交往行爲要素、同人刊物和報紙專欄要素。

由中國社會科學院文學研究所所長楊義著的《京派海派綜論》（中國社會科學出版社，二〇〇三年一月），是他自一九八一年開始研究京派和海派以來，就這個主題最完整的成果。全書分爲上下兩編，上編「京派與海派的文化因緣及審美形態」，從文化的角度分析京派與海派的淵源脈絡及審美形態，以比較方法交替展示北京和上海這兩個城市不同的文化性格。楊義指出：三〇年代的京海之爭不是單純的文學現象，而是中國在現代化、城市化進程中，不同文化間發生的激烈碰撞的縮影。下編「北京上海人生色彩」，側重用三〇、四〇年代京海兩地刊物上刊載的四百餘幅漫畫，從多方面呈現兩地豐富多彩的文化形態及人生景觀。

楊義對京海派有深刻的觀察，他認爲：它們一個蕩漾著古老中國文化傳統的流風遺韻，精緻典

雅；一個奔騰著現代西方文化的先鋒潮流，時尚新奇。京派在北平延續了語絲派遺風，並與新月派合流，主要成員有周作人、俞平伯、廢名、楊振聲、凌叔華、沈從文、林徽因、蕭乾、蘆焚、何其芳、李廣田、卞之琳、朱光潛、梁宗岱、李健吾等。海派則承襲了前期創造社向內心挖掘的取向，並且以葉靈鳳爲橋梁，把原來附屬於浪漫抒情流派的現代主義因素，拓展成爲一個相對獨立的現代主義流派，主要成員有施蟄存、戴望舒、劉吶鷗、穆時英、杜衡、葉靈鳳等。

周作人、朱光潛是深刻地影響了京派文學方向和文學視野的重要理論家。周作人在五四新文學運動中提倡「人的文學」，其後轉向追求地方文學、個性文學、神話學和民族學，對京派文學趣味起了引導作用；他梳理出一條由陶淵明到李商隱再到晚明公安、竟陵到「五四」八不主義到京派散文的歷史脈絡，爲京派文學確立了文學史的根據。朱光潛所闡述的審美直覺說、移情說和距離說，則從審美心理學上爲京派文學鋪設理論基石。京派作家同時也以開放的心胸接納了外國文學的影響，廢名就曾說道：英國的哈代、艾略特、莎士比亞，都是我的老師，西班牙的偉大小說《唐吉訶德》，我也呼吸了他的空氣。

海派作家則是通過劉吶鷗介紹日本新感覺派，戴望舒介紹法國現代派，鼓起了先鋒性文化選擇的雙翼。但日本新感覺派橫光利一等人也受過喬伊斯的影響，這樣海派就在佛洛伊德——顯尼志勒

（Arthur Schnizler）——喬伊斯——橫光利一的審美傳遞系列中，找到一條串通的精神線索。

楊義是位治學嚴謹的學者，在二十世紀八〇年代窮十多年時間獨力撰寫三卷本《中國現代小說史》，文學史家王瑤稱譽該書「體大思精，多有創見」。一九九八年，人民出版社出版九卷十二本《楊義文存》，是迄今爲止，大陸中年學者在最權威的國家級出版社出版文集的第一人。楊義的現代小說史整體研究是與流派研究同步進行的。他把文學流派的出現，當作一種文化現象來對待，首先做個案研究，一本一本地細讀原版書刊，從具體的作家作品，還原出文學現象的原汁原味，並清理每部作品的文化意義、審美趣味和歷史取向，清理每個作家的社會態度、文化理念和精神脈絡，然後開展盡可能開闊的世界文化視野，比較作品間的差異，考察作家間的因緣，而置之於中外古今各種文化交融、碰撞、轉型的縱橫坐標體系中，尋找具體作家作品的流派歸屬，並做出文學史定位。

（二〇〇三年九月十九日）

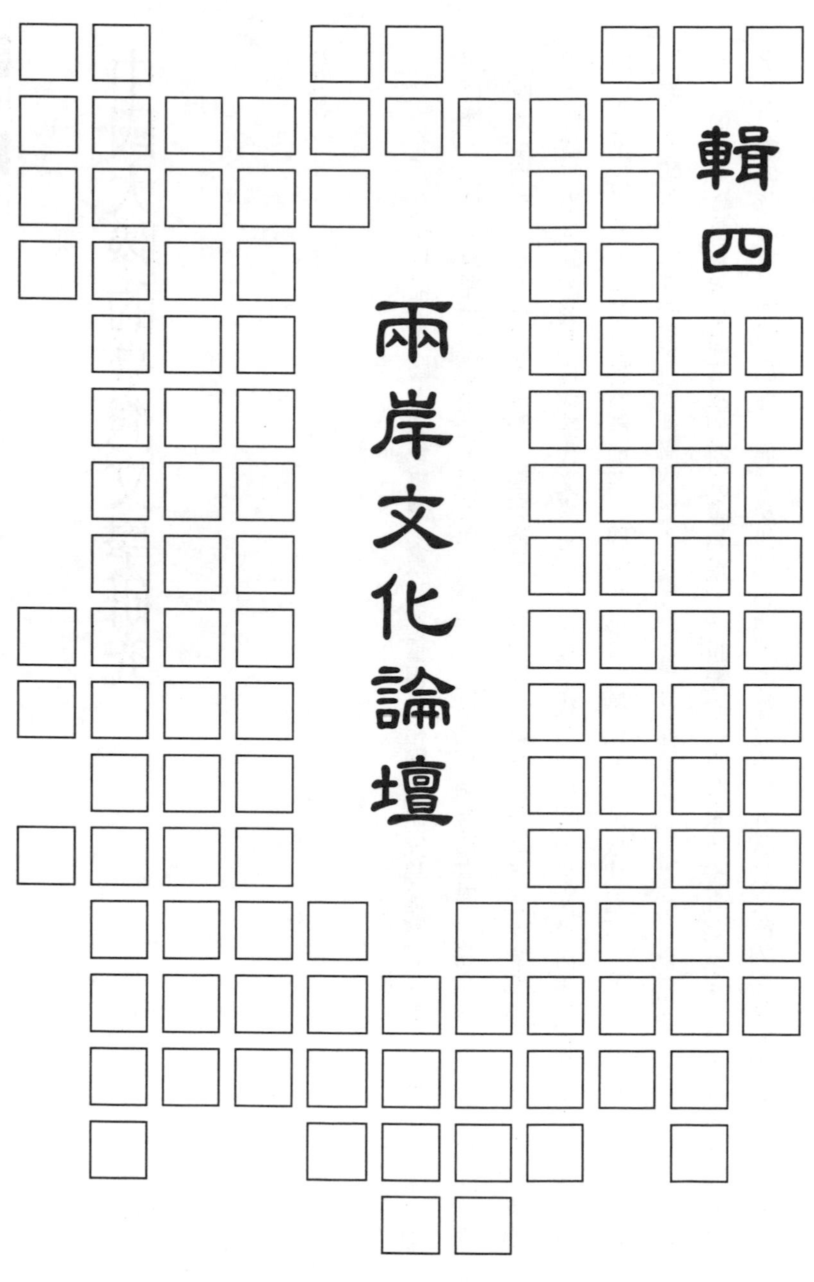

輯四

兩岸文化論壇

中國大陸的臺灣文學研究

前言

一九四九年以前，中國大陸對臺灣文學並不重視，相關的研究論述寥若晨星。胡風、范泉曾翻譯楊逵、呂赫若及龍瑛宗的小說，楊雲萍的詩作，范泉還寫過幾篇有關臺灣文學的評介文章。從一九四九年到一九七九年間，臺灣文學研究在中國大陸一直屬於禁區，三十年間沒有一部相關論著出現，在當時出版的中國現代或當代文學史中，也幾乎找不到任何一篇文章討論到臺灣文學。二十世紀七〇年代以來，美蘇冷戰體制崩解，國際間形成一股以「和談取代對抗」的緩和趨勢。一九七九年之後，隨著中共加強對臺的和誘攻勢下，臺灣文學作品開始出現在中國大陸的報刊上。

中國大陸學者對臺灣文學的研究肇始於二十世紀七〇年代末。一九七八年，曾敏之參加廣東作家創作會議時，以〈面向海外，促進交流〉爲題，呼籲發展海外華文文學的研究和交流活動，並寫

了〈海外文情〉系列通訊，被視為「世界華文文學濫觴之始」（施建偉，二〇〇二：頁一四九～一五〇）。一九七九年，廣州《花城》雜誌創刊號又發表了〈港澳與東南亞漢語文學一瞥〉，雖然不是以臺灣文學為論述對象，卻是中國大陸第一篇介紹並倡導關注中國以外漢語文學的文章。

一九七九年四月，《上海文學》十九期刊登了臺灣旅美作家於梨華的短篇小說〈涵芳的故事〉，但並未引起太多的注意。七月，北京人民文學出版社主辦的《當代》雜誌創刊號，轉載刊登白先勇的短篇小說〈永遠的尹雪艷〉，令大陸讀者驚艷。這一年底起，人民文學出版社相繼推出《臺灣小說選》、《臺灣散文選》等，開拓了讀者及有志於臺灣文學研究者的眼界。

一九八〇年七月，中國大陸第一家專門從事臺灣研究的廈門大學臺灣研究所成立，並發行《臺灣研究集刊》（一九八三年創刊），匯集了該所有關臺灣研究的成果。以此為開端，臺灣文學研究機構如雨後春筍般地在各地冒出，掀起了一股臺灣文學研究熱潮，在二十多年間，不論在著作、論文等，都積累了大量的研究成果，頗令臺灣學界側目，並提出許多不同的觀點與批評。

北京的中國文聯出版公司主辦的《世界華文文學》雜誌社社長兼執行主編白舒榮，在一九九九年十月十一至十五日召開的第十屆世界華文文學國際研討會的論文〈臺灣文學研究在大陸〉指出：兩岸的政治情勢為中國大陸的臺灣文學研究提供了契機，原因包括：

一、兩岸政治的敵對和封閉造成兩岸文學界的諸多誤會，是兩岸政治解凍，使大陸學界有機會認識臺灣文學。……

二、兩岸政治造成臺灣文學有別於大陸文學的特殊性，是其特殊性使其具有特別的研究價值。……

三、兩岸的政治變化，尤其是大陸改革開放創造的政治清明，使大陸學界有膽量從事臺灣文學研究。……（一九九九：頁九～一〇）

研究刊物及研討會

由於歷史淵源與地利之便，最早關注臺港文學的是廣東、福建兩地的學者。八〇年代初介紹臺港及海外華文作家的文章逐漸增多，幾份刊登臺港及海外華文文學的專門刊物陸續創辦，對學術界、社會影響甚鉅，包括：《臺港文學選刊》（一九八四年創刊，福建省文學藝術聯合會主辦）、《華文文學》（一九八五年創刊，廣東汕頭大學主辦）、《世界華文文學》（一九九〇年一月正式創刊，原刊名《四海——港臺海外華文文學》，之前從一九八六年係以書號出不定期叢刊；一九九八年

改為現刊名，二〇〇一年停刊）、《世界華文文學論壇》（一九九〇年創辦，原刊名《臺港與海外華文文學評論和研究》，江蘇省社會科學院文學研究所、臺港與海外華文研究中心、江蘇省臺港暨海外華文文學研究會主辦；一九九八年第一期改為現刊名，是唯一的專業性研究評論雜誌）。此外，中國人民大學書報資料中心的複印報刊資料《中國現代、當代文學研究》（月刊），也常轉載刊登此一研究領域的有關論文。

一九八二年六月，首屆「臺灣香港文學學術討論會」，在廣州暨南大學舉行。從一九八二年至二〇〇二年共舉辦了十二屆研討會，除第十屆外，每一屆的研討會都有論文集問世。在前十一屆研討會論文集共收入三七〇篇論文，其中有一一六篇是研究某一作家或作品的論文。論及的臺灣作家有：賴和、張我軍、吳濁流、鍾肇政、葉石濤、陳映眞、黃春明、王禎和、簡政珍、宋澤萊、余光中、洛夫、羅門，旅居歐美的於梨華、聶華苓、白先勇、歐陽子、張系國、陳若曦、杜國清、趙淑俠等等。

廣州暨南大學中文系教授饒芃子從研討會的內容，歸納出此一研究領域，經歷了「海外華文文學的『命名』，對海外文學『空間』的界定，海外華文文學歷史現況和區域性特色的探索；海外華文文學與中華文化關係探源；如何撰寫海外華文文學史等重要問題，進而轉入到世界華文文學的綜合研究和世界華文文學史的編撰，以及從文學上、美學上各種理論的思考、追問。」（二〇〇二：頁八）。

從歷屆研討會的名稱、空間界定及主要論題上，大致可以區隔為四個階段：

一、臺港文學（一九八二年～一九八五年）：首屆和一九八四年在廈門大學舉行的第二屆「臺灣香港文學學術討論會」，主要是研討臺灣、香港文學，也有論及臺灣旅美作家的作品。兩屆的會議論文選集，均冠以《臺灣香港文學論文選》（分別於一九八三年、一九八五年出版）之名。

二、臺港暨海外華文文學（一九八六年～一九九〇年）：一九八六年在深圳大學舉行的研討會，從海外前往參加的華人作家、學者較多，所以把名稱更改為「臺港暨海外華文文學國際研討會」，凸顯了臺港文學與海外華文文學的差異性。第三屆論文集命名為《臺灣香港與海外華文文學論文選》（一九八八年出版）。一九八九年在上海復旦大學舉行的第四屆研討會、論文選集均繼續沿用這一名稱。

三、臺港澳暨海外華文文學（一九九一年～一九九二年）：一九九一年在廣東中山市舉行的第五屆研討會，因爲有五位澳門的代表參加，還提交了有關澳門文學的論文，會議再度更名爲「臺港澳暨海外華文文學國際研討會」。第五屆會議論文集定名爲《臺灣香港澳門暨海外華文文學論文選》（一九九三年出版）。自此，清晰地呈現中國大陸以外的華文文學「空間」。

四、世界華文文學（一九九三～至今）：在中山市的第五屆研討會上，秦牧被選爲臺港澳暨海外華文文學研究會會長，副會長爲曾敏之、陳公仲、陳遼、饒芃子、劉登翰，眾人共議世界華文文學研究之大事。一九九三年在江西廬山舉行第六屆研討會，始正式更名爲「世界華文文學國際研討會」，並成立了「中國世界華文文學學會籌委會」。本屆論文集取名爲《走向新世紀——第六屆世界華文文學國際研討會論文集》（一九九四年出版）。江西南昌大學文學院教授、當代文學所所長陳公仲表述了「海外華文文學」和「世界華文文學」之間的關聯：「海外華文文學是中國大陸及臺灣、香港、澳門地區以外的華人，以自己種族的母語，即以漢語爲媒介，創作出來的文學作品。它是特指二十世紀的華文文學現象，可同中國大陸文學、臺港澳文學共同歸入世界華文文學這一世紀性的語種文學。」（公仲、江冰，一九九四：頁四八）這一種說法得到大陸學術界普遍的認同。

一九九四年，在雲南玉溪舉行的第七屆研討會上，對「世界華文文學」是否包括大陸文學，有過一番討論，有的代表建議以後研討會上可安排一些有關大陸文學的專題報告，以幫助海外代表了解大陸文學。一九九六年，在南京舉行的第八屆研討會上，關注的重點轉到此一領域研究觀念、研究方法的更新超越。一九九七年第九屆世界華文文學國際研討會在北京舉行，本屆研討會最大的特色是把中國大陸文學也納入研究視野，並把文學研究和文化研究結合起來。一九九九年，在福建泉州華僑大學舉行的第十屆研討會，主題為「華文文學：世紀的總結和前瞻」，因當時澳門即將「回歸」，澳門文學研究成為本屆的焦點；另一新興的議題是「網絡華文文學的興起」。二〇〇一年，在汕頭舉行的第十一屆研討會，主要議題一是對近二十年以來的臺港及海外華文文學創作和研究進行總結，二是展望與探討二十一世紀的世界華文文學研究的前景與途徑。饒芃子在〈跨文化視野中的海外華文文學〉論文中提出：「海外華文文學是一種世界性的文學現象，具有跨國別、跨地區的特點，應該有意識地置於跨文化的視野之中，在文化的層面上詮釋海外華文文學作品所蘊涵在內的豐富性，從而為比較文化和海外華文文學提供一個共同的變化與文學研究相結合的新視點。」（劉華，二〇〇一：頁七四）

除了上述各屆研討會外，還有幾次值得重視的會議。一九八八年十一月，在福州由福建省臺灣

文學研究會舉行的研討會，以臺灣文學的傳統因素、鄉土特色和外來影響爲中心議題，論文結集爲《臺灣文學的走向》。一九九三年六月，香港嶺南學院現代中文文學研究中心和廣州暨南大學中文系聯合舉辦「華文文學研究機構聯席會議」，首度將三地華文文學研究機構的負責人及代表共聚一堂，發言大都圍繞所屬單位的成立、現狀、研究成果和未來動向；亦提及研究資料匱乏、訊息不太流通；兩岸學者互評問題；對研究方向的思考等等。另外，一九九七年四月在福州召開的「世紀之交的臺港澳暨海外華文文學研究」青年學者座談會，話題之一是此一研究領域青年學者自身的反思。南京大學中文系教授劉俊指出，這一批青年學者「系統的學術訓練、全新的知識結構、開放的研究觀念和多元的研究方向，使他們在將臺港澳暨海外華文文學研究推向更高的學術境界方面，具有更多的可能。」（王龍，一九九七：頁七七）第二屆研討會改名爲「第二屆世界華文文學中青年學者論壇」，於二〇〇一年十月在武夷山召開。福建師範大學博士生導師劉登翰指出，本屆最大的特色是：「世界華文文學研究人員的構成發生了新的變化，一大批擁有博士、碩士學位的年輕學者，進入了這一領域，並且逐漸成爲中堅，意味著世界華文文學研究和世代更替已經到來。」（遠林，二〇〇二：頁一六）與會代表亦建議重視華文史料的建設工作。

研究成果及教研機構

二十年來，中國大陸臺灣文學研究者繳交了一份成績單，研究成果大致可分爲五類：一是各類文學史和各種「概論」、「概觀」、「導論」、「概要」、「初探」等，如《臺灣文學史》（上、下冊）、《臺灣當代文學理論批評史》、《臺灣新詩發展史》；如《臺灣新文學概觀》、《臺港文學導論》、《臺灣小說流派初探》、《世界華文文學概要》、《近二十年臺灣文學流脈》等；二、是各種專著，如《臺灣、香港文學研究述論》、《臺灣與大陸小說比較論》等；三、是各種論文集，如歷屆臺港及海外華文文學研討會的論文集，《臺灣文學的走向》、《中華文學的現在和未來——兩岸暨港澳文學交流研討會論文集》等。四、是作家論、作品論，如《臺灣小說作家論》、《臺灣現代派小說評析》、《白先勇小說藝術論》、《洛夫與中國現代詩》、《柏楊評傳》等。五是各種辭書，如《臺港澳暨海外華文文學大辭典》等。

起步於七〇年代末的中國大陸對臺灣文學的研究，在短短的二十年間累積了不容忽視的成績，據不完全統計，這一時期中國大陸發表的關於臺灣文學研究的論文已超過一千篇；出版的研究專

著，及個人論文集約在五十種左右；出版的有關臺灣文學的文學史（包括斷代史及體裁史）及準文學史已超過十部；出版的有關臺灣文學的辭書也至少有七種。「中國大陸臺灣文學研究的一個基本軌跡，那就是：以十年爲界，在後十年裡，作家作品研究全面深入地展開；思潮、流派、社團研究、研究之研究呈穩步增長之勢；兩岸文學比較研究、關於臺灣文學的分期和文學史研究從無到有；綜合研究、文類研究、八〇年代以來的臺灣文學研究成爲『熱點』；日據時期臺灣文學研究等有所進展，但仍然屬於『冷門』」。（劉俊，二〇〇〇）

八〇年代初，廣州暨南大學、中山大學和上海復旦大學幾乎同時在中文系開設了臺港文學研究課程，從此臺灣文學課題，正式登上了中國大陸學術界。在二十年的發展，目前在東北、西北、西南、東南、華北、華中、華南都能見到臺灣文學課程，北京、廣東、江蘇等地還招收或畢業了一些博碩士研究生，如江蘇的劉俊、方忠，分別以研究白先勇和臺灣通俗小說獲頒博士學位。

相關的專業性研究機構，有中國社會科學院的世界華文文學研究中心，北京大學的臺灣海外華文文學研究中心；此外，如上海的復旦大學、華東師範大學、同濟大學、私立邦德學院；江蘇的蘇州大學、徐州師範大學、湖北武漢的中南財經政法大學；廣東的中山大學、華僑大學、暨南大學、深圳大學、汕頭大學；福建的廈門大學，以及一些省市的社會科學院，如福建、江蘇等，都有專業性研究機構或學術團體。

中國大陸的臺灣文學研究概況

中國大陸的臺灣文學研究，大致上經歷了三個階段：一是起步階段（一九七九～一九八二），著重於臺灣小說作者和作品的一般性介紹；二是拓展階段（一九八二～一九八六），研究隊伍迅速發展，提出具體研究成果；三是深耕階段（一九八七迄今），由於臺灣開放赴中國大陸探親，兩岸的作家、學者得以面對面溝通對文學的見解，中國大陸研究者的研究方法也趨於多樣，出現數部總結性的文學史專著。

起步階段（一九七九～一九八二）

一九七九年下半年，由中國大陸全國性的大型文學雜誌和出版社領頭，最初由福州海峽文藝出版社、廈門鷺江出版社、北京中國友誼出版公司三家出版社開始介紹臺灣文學，爲所謂的「統一大業」進行暖身運動，此舉引起文學界和學術界熱烈的關注，後來又開放其他出版社出版臺灣文學。

一九八〇年春，幾個學術機構，如廈門大學、暨南大學中文系、中山大學相繼成立臺港文學研究室。這一年六月中旬，「中國當代文學學會」第一次學術討論會在廣州召開，與會人士一致認為，臺港文學應作為中國現當代文學的組成部分，納入大學文科課程。同時決定在廣州成立該學會的分支學科機構——臺港文學研究會，有計畫、有步驟地開展臺港文學研究。

中國大陸對臺灣日據時期作家的評價，顯然是下過一番工夫，有備而來。一九八〇年八月五日，在北京舉行紀念鍾理和逝世二十周年座談會；一九八五年三月十二日，楊逵病逝臺中，月底在北京的人民大會堂臺灣廳舉行楊逵先生紀念會；同年十二月十七日，在北京舉行張我軍逝世三十周年紀念會，並出版《張我軍選集》；都透露出籠絡臺灣人民的意圖，並具一定程度的政治考量。

一九八一年，廣州暨南大學許翼心、翁光宇，中山大學王晉民、封祖盛，上海復旦大學陸士清和北京大學汪景壽，先後在中文系開設了臺港文學研究課程。這門課程受到學生的歡迎，但受限於相關資料不足，難免影響課程的質量和效果。這些學者為了授課需要，在往後幾年間都曾編寫教材或研究心得，成為第一批研究臺灣文學的中國大陸學者。如陸士清等編《臺灣小說選講》（一九八三）、汪景壽編著《臺灣短篇小說選講》（一九八六）及《臺灣小說作家論》等。一九八一年開始出現刊登臺港及海外華文文學的大型刊物《海峽》，由福州海峽文藝出版社主辦。

拓展階段（一九八二～一九八六）

一九八二年六月十日至十六日在廣州暨南大學舉行的首屆「臺灣香港文學學術討論會」，共提出三十七篇論文。暨南大學中文系副教授翁光宇在一篇回顧此次討論會的紀要中，積極鼓吹葉劍英的九點和平方案，說明研究和出版臺港文學，「不僅僅是局限在文學領域，它是統一大業的一部分，對促進海峽兩邊的中國人的聯繫和團結，對促進祖國的統一都有積極的作用。」他將臺灣的文化區分爲進步和落後的文化，強調要用「愛國主義和馬克思主義辯證唯物論和歷史唯物論的觀點和方法，去進行研究、鑑別、分析，介紹臺灣愛國的、進步的、健康的作品，抵禦那些反動的、落後的、腐朽的東西。」（翁光宇，一九八三：頁二六八）這種二分法的論調，影響中國大陸的臺灣文學研究至深，不少研究論文、專著中，常不加思辨地就將臺灣文學分爲兩個主要流派——現代派和鄉土派，視前者爲「落後的、腐朽的」，後者爲「進步的、健康的」，他們更忽略了僅僅這兩派並無法概括多元的臺灣文學全貌，也無法概括所有藝術實踐的全部過程。

在臺灣文學研究起步的三、四年間，有幾個值得注意的現象，一是對臺灣文學的介紹和評析，主要集中於小說領域，對其他文類，如詩歌、散文、劇作和理論較少觸及；二是初期介紹的臺灣文學作品，大部分屬於已離開臺灣，定居海外的作家成名作，如白先勇、於梨華、聶華苓、李黎等人，臺灣本土作家的比重不高；三是系統的學術研究，還只局限於少數機構和學者，整體上仍側重對作家作品的一般性介紹，並產生了一種作品選編加賞析或評介的結集形式。四是資料蒐集有待加強，許多研究者都有抓到什麼就寫什麼的習慣，常寫出「見樹不見林」的淺薄文章。

在首屆「臺灣香港文學學術討論會」召開後，中國大陸研究臺灣文學的隊伍迅速發展，福建和廣東的社會科學院，深圳大學和汕頭大學等相繼建立研究機構；廈門大學、北京廣播學院、中央民族學院，以及四川、蘭州、遼寧等地的大學，也先後開設臺港文學課程；一些以刊登臺、港和海外文學爲主的刊物也先後創刊。

一九八四年四月二十二日至二十九日，第二次「臺灣香港文學學術討論會」在廈門大學舉行，共提出二十一篇論文。會議期間，對臺灣的鄉土文學派和現代人文學派是否合流，如何看待王文興的作品《家變》的社會意義，展開了熱烈的討論。會中將這一階段的臺灣文學研究，歸納出幾個特色：一是刊載、出版臺灣作品趨向系統化；二是研究工作逐步深入，加強了對專題或作家的研究，研究對象由主要是旅居海外華人作家，轉向臺灣本土作家，並加強對鄉土文學的研究，此外，也加強對青年作家如宋澤萊、曾心儀等人的研究，並注意對臺灣戲劇和電影的介紹；三是研究者的隊伍不斷擴大並且建立了研究機構。但還存在研究薄弱的環節，如對臺灣文學的現狀研究較少，對作家及其作品還不能從文學史的角度深入加以探討，對散文詩歌的研究也不夠普遍等。（梅子，一九八五：頁三一八～三一九）

第三次討論會正式改稱爲「臺港與海外華文文學學術討論會」，於一九八六年十二月在深圳大學召開，共提出八十七篇論文，其中有關臺灣文學的論文多達四十篇，分爲三個類型：一、從史的角度來考察臺灣文學；二、研究臺灣的文學批評及美學理論；三、對臺灣作家作品的專題研究。中山大學副教授王晉民指出這些論文：「開始從宏觀的角度來鳥瞰臺灣文學，有些論點有新的突破，對作家作品比較注重從藝術技巧和審美的角度來探討。」（潘亞暾、徐葆煜，一九八八：頁四〇九）這種現象標誌中國大陸的臺灣文學研究水準，是一步步在深化和提高。

這一個階段的具體成就，體現在一批專家學者勤奮鑽研下的系列研究成果。屬於文學史或概論式的專著有：

封祖盛的《臺灣小說主要流派初探》（一九八三）、《臺灣現代派小說評析》（一九八六）；

黃重添、莊明萱、闕豐齡的《臺灣新文學概觀》上冊（一九八六）；

王晉民的《臺灣當代文學》（一九八六）。

論文集有：

《臺灣香港文學論文選——全國第一次臺灣香港文學學術討論會專輯》（一九八三）；

汪景壽的《臺灣小說作家論》（一九八四）；

流沙河的《隔海說詩》（一九八五）；

武治純的《壓不扁的玫瑰——臺灣鄉土文學初探》（一九八五）；

《臺灣香港文學論文選——全國第二次臺灣香港文學學術討論會專輯》（一九八五）；

福建社會科學院文學研究所編《海峽文壇拾穗》（一九八六）；

張默芸的《鄉戀．哲理．親情——臺灣文學散論》（一九八六）。

多元發展階段（一九八七至今）

一九八七年，臺灣相繼解除報禁，取消戒嚴令，並公布開放赴中國大陸探親，准許印行中國大陸地區出版品，兩岸的文化交流邁進了一大步。

一九八八年下半年，中國社會科學院和北京大學、上海復旦大學先後成立臺港文學專門研究機構，福建和江蘇省也成立省級的臺港與海外華文文學研究會。這一年十一月二日至五日，由福建省臺灣研究會等單位主辦的「福建省臺灣文學研究會」在福州市舉行，以臺灣文學的傳統因素、鄉土特色和外來影響爲中心議題，研討會的部分論文日後結集爲《臺灣文學的走向》一書出版。

一九八九年四月一日至四日，第四屆「全國臺港暨海外華文文學學術研討會」在上海復旦大學召開，出席討論會的海內外作家、學者計有一〇六人，其中包括七位臺灣作家。這一屆論文的水準有明顯的提高，意味著臺港及海外華文文學的研究工作又進入一個新境界。復旦大學朱文華爲本屆討論會撰寫的綜述中，特別提出在「研究方法的更新」這一方面的成績，包括：

一、不少論文引入了大文化的觀念和相應的研究方法，即把具體的文學史現象和作家作品置於整個華文文學的格局上，又把華文文學置於世界文學的總格局中，宏觀著眼，微觀入手，從多方位視角來探討臺港及海外華文文學的某些特點。

二、引入了比較文學的研究方法，或把中國大陸文學與臺灣文學的某些方面作比較，或把某一中國大陸作家作品與另一臺港作家作品作對照分析，在探求兩者異同的基礎上，總結出某

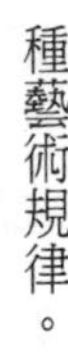

種藝術規律。

三、引入了未來學的研究方法，即根據未來學的預測原理，在全面把握臺港及海外華文文學的歷史和現狀的基本特點的基礎上，對它們的某種發展趨勢作展望。（朱文華，一九九〇：頁三九三）

這一階段雖已取得顯著的成績，但在研究的深度與廣度，還有待進一步提升。廣東省社會科學院許翼心在〈臺灣香港與海外華文文學研究的回顧與前瞻〉文中，指出存在此一研究領域的幾個問題：一是廣度和深度方面的不足。在占有大量資料基礎上進行眞正宏觀把握或深入的微觀分析的不多，而就事論事或以偏概全的不少；有眞知灼見或新銳觀點的較少，而人云亦云的現象屢見不鮮，往往不能超越所在地文學界的評價範圍。二是文學觀念和研究方法上的局限。一些研究人員還未能完全擺脫「政治標準第一」、「現實主義是文學主流」等傳統的中國大陸文學觀念，並以此來衡量和評價臺港與海外華文文學；或者是習慣用中國大陸社會主義文學的某些標準去要求臺港與海外華文文學。三是政治化、人情化和商品化等非學術因素的干擾。如果還是將「從統一戰線出發」等觀點作爲區分和對待具體作家作品的依據，就難以做到文學評價的客觀與公正；把學術研究當作交際的手段，必然導致學術準則的放棄；某些商品化的傾向已開始侵入學術領域，值得警惕。（許翼心，一九九〇：頁六～七）此外，研究重心也逐漸轉向港澳及東南亞華文文學。

一九九一年七月十日至十三日，第五屆「臺港澳暨海外華文文學國際學術研討會」在廣東省中山市翠亨村鎮舉行。出席會議的海內外作家、學者約一六〇餘人，其中包括三位臺灣代表。本屆會議主題是「中華民族文化在臺港澳地區和海外各國華文文學中的承傳和衍變」。廣東省社會科學院院長張磊致開幕詞，指出這次會議的主要目的，是要尋找華文文學在世界範圍內的發展規律，探討華文文學的發展趨勢，總結華文文學發展的世界經驗，促使華文文學以新的姿態走向世界。

本屆研討會可以說是對十年來的華文文學研究的一次檢閱，研究的質量和水準都有所提升，形成了新的格局，具體的成績如下：

一、這次研討會上由王潤華、許翼心、潘亞暾、汪義生、賴伯疆等所撰寫的華文文學總體研究的論文，標誌著從世界範圍總體把握華文文學的觀念已經形成。

二、文學史的宏觀研究進入新的局面。有多篇論文都從史的角度描述各地華文文學發展變化的輪廓、深層文化背景和社會歷史原因，以及發展前景和方向，開拓了新的領域和課題。

三、文化影響的研究深化了華文文學的研究成果。近半數的論文都涉及中國文學和中國文化傳統對各地華文文學的影響，其中一種是從中國文學的總體格局探討某一地區的華文文學，一種是進行作家或作品的比較及影響研究，另外一種則著重分析中華民族文化和臺灣鄉土文化的關係。

四、傳統的理論和受西方現代文藝理論、批評影響的理論和方法並存，並獲得了新的活力。運用西方文藝理論或語言理論來解釋華文文學的，可舉臺灣簡政珍和孟樊的兩篇論文；運用傳統的理論和方法的，則有楊匡漢、李元洛、杜國清的三篇論文。後者顯現出來的新鮮活力，令人印象深刻。（陳實，一九九三：頁四四〇～四五一）

一九九三年八月二十五日至二十八日，正式更名的第六屆「世界華文文學國際研討會」在江西廬山召開，並擬在翌年的昆明第七屆研討會上正式成立「中國世界華文文學研究會」。出席會議的海內外代表一五〇多人，其中包括三位臺灣作家、學者。本屆會議主題是「世界華文文學的走向」。

劉登翰的論文把中國大陸地區以外的臺灣和香港、澳門文學，當成當代中國文學的分流，「分流造成文學各異的繁複形態和不同流程，在客觀上則可能提供不同經驗的參照和藝術積累的豐富。

無視文化流播可能超越政治切割的特殊屬性，就很難對當代中國文學在不同生成環境中的發展和創造，有正確的認識和全面的把握。」他強調應深化對三地文學分流的研究，首先，更急切需要的是對作家作品、社團流派和文學思潮深入的個案剖析；其次，加強三地文學的比較研究，以辨識出三地文學在各自生成環境中獨異的形態和創造；再次，在具有現代意義的世界文化大背景下，進行民族文化和文學重構的共同努力。（劉登翰，一九九四：頁二八）

一九九四年十一月八日至十日，第七屆世界華文文學國際學術討論會在雲南玉溪筆架山山莊舉行，共有一一〇餘位作家、學者與會，提交八十七篇論文。這次會議以「團結、交流、友誼」爲宗旨，著重討論東南亞華文文學的歷史、現狀和發展趨勢。

會議的熱門話題之一是對大會名稱的討論，有代表認爲用「世界華文文學國際研討會」不盡妥當，因爲它未將大陸文學包括在內，而只是以臺港澳以及海外文學爲研究對象，未免名不副實，所以建議沿用過去使用的「臺港澳暨海外華文文學」這一名稱更貼切。中國社會科學院文學研究所所長張炯則指出：「世界華文文學是作爲一種語種而提出的概念，它有別於中國文學（後者還包括眾多少數民族語言文學）」，他贊成維持「世界華文文學」這一名稱。（古遠清，一九九五：頁一二三）

一九九六年四月二十三日至二十五日，第八屆世界華文文學國際研討會在南京舉行，共收到一

二八篇論文。上屆曾引起爭論的世界華文文學釋名問題，繼續成為焦點。美國加州大學聖塔巴巴拉分校教授杜國清的論文提醒與會代表，早在一九八六年七月，美國威斯康辛大學劉紹銘和德國魯爾大學馬漢茂兩位教授，在德國舉辦一個「華文文學大同世界國際會議」，所謂「大同世界」是英文commonwealth（共和聯邦）的漢譯，意指世界各地的華文作家所屬各國聯合起來。換句話說，「華文文學的大同世界」意指「華人共和聯邦的文學」，亦即「世界華文文學」。杜國清在「注釋」中補充道：臺灣在一九八二年成立「亞洲華文作家協會」，每兩年輪流在亞洲各地舉辦一次會議，並於一九八四年創刊《亞洲華文作家》季刊，可以說是「華文文學」突破國界、呈現國際視野的濫觴。（杜國清，一九九六：頁四七、五〇）

杜國清這篇論文指出：「文化傳統」、「本土精神」和「外來影響」是世界華文文學的三個重要特徵。世界華文文學研究，在方法上不能不考慮上述三大要素所含涉的共通性和特殊性。這三個層面的定義和內涵不盡相同，可以藉以探討有關的文學現象，尤其是從跨學科的角度加以探索複雜的文化內涵。這三者是考察世界華文文學的三個介面，構成了一個三稜鏡，可以藉以觀測其間互相反映、交照、指涉、變換、回應、共振、染色、映襯所構成的千姿百態，亦即世界華文文學多采多姿的文學世界。（杜國清，一九九六：頁五〇）

一九九七年十一月八日至十一日，第九屆世界華文國際研討會在北京友誼賓館舉行，一百餘人參加了會議。本屆研討會最大的特色是把中國大陸文學納入了研究視野，從而構成了一種作為世界語種文學之一的整體文學觀，研究者開始注重世界華文文學的綜合觀察。

此次會議幾位年輕的學者提出了值得深入思考的論題。中國社會科學院黎湘萍提出：海外華文文學在以共同的文化根源作爲基本的聯繫紐帶外，都會因本土文化環境的差異而自然而然地蘊涵著各不相同的文化品質，這就爲研究中國文化流播海外過程中與其他文化的交流、衝突、變化、轉換等，提供了形象的範本。

廣州中山大學程文超提出了「華文文學圈」的名稱，即世界各國和地區使用漢字、分享中華文化的文學創作／接受圈。這個圈是一種視野、一個打破地域界限的、非中心的、開放的文化共同體。作爲一個整體，「華文文學圈」具有世界文化格局中一個極富生命力的文化存在的身份，是西方強勢文化的一個強有力的對話者。

中國社會科學院文學所陳曉明，鑑於世界文化全球化的歷史趨勢和中國日益高漲的文化民族主義現實，對華文文學的文化身份提出疑問。他說，華文文學在某種程度上是文化想像的產物，是否存在一個自足的、封閉的、完整而一致的，並且與西方文化相對立的華文文學？從歷史上看，海外

華文文學與中國本土文學曾長期處於分離狀態；直到七〇年代末，遇上了全球化的現實語境後，二者才完成統合狀況。但是，作爲「他者」的華文文學，並沒有順應西方文化和自我的文化想像；華文文學的中心中國大陸文學一直在逃離它的文化身份，即所有的藝術創新都在致力於逃離民族文化本位的局限性，抹去本位文化特徵，而接近文學世界主義。顯然，中國當代文學在這追尋的個人創新的藝術方式，人類共同的命題，普遍的文學法則，是對西方／東方等級的自然顛覆，並且一直構成了當代中國文學實踐的內在動力。（陳馬林，一九九七：頁四六）

一九九九年十月，第十屆世界華文文學國際研討會，在福建泉州華僑大學舉行。會議的主題爲「華文文學世紀的總結和前瞻」。山東大學中文系黃萬華的論文對世界華文文學的史學建構和學術思維調整進行探討。他提出了三種華文文學的「意識範式」：一、「直接範式」，即每一地區作家群心目中對本地區文學所建構的範式；二、「理想範式」，即各地區作家心目中對中國文學傳統所建構的範式；三、「他視範式」，即一個地區的作家群對其他地區文學所建構的範式；某個地區的華文文學的「直接範式」和其他地區對它的「他視範式」間的距離，最能反映出地區歧異性。

黃萬華認爲：二十世紀的中國文學史終將過渡爲二十世紀華文文學史，中國大陸、臺港澳地區和海外華人社會三大板塊，將通過整合而形成某種「寬容、和解而又具有典律傾向的文學史」。（陳曉暉，一九九九：頁二七）與會代表也意識到年輕一代的研究者已經崛起，他們為本研究領域帶來了不同的見解和視角；而新的命題，如新移民文學、僑民文學史、海外華文文學的語言問題、網路文學等，也在不斷提出。

二〇〇〇年十一月二十五日至二十七日，第十一屆世界華文文學國際研討會暨第二屆海內外潮人作家作品國際研討會在廣東省汕頭市舉行，共有一五〇位代表與會。會議主要議題是對近二十年以來的臺港及海外華文文學創作和研究進行總結，並展望與探討二十一世紀的世界華文文學研究的前景與途徑。

這一個階段在文學史或概論式的專著有：

黃重添《臺灣當代小說藝術采光》（一九八七）；

白少帆、王玉斌、張恆春、武治純主編《現代臺灣文學史》（一九八七，這是兩岸第一本正式標明臺灣文學史的著作）；

包恆新《臺灣現代文學簡述》（一九八八）；

古繼堂《臺灣新詩發展史》（一九八九，這是兩岸第一本有關臺灣新詩發展的系統性論著）；

公仲、汪義生《臺灣新文學史初編》（一九八九）；

古繼堂《臺灣小說發展史》（一九八九，這是兩岸第一部系統研究臺灣小說發展的論著）；

于寒、金宗洙《臺灣新文學七十年》（上、下冊）（一九九〇）；

潘亞暾、翁光宇、盧菁光編著《臺港文學導論》（一九九〇，這是一部高等學校文科教材，上篇「臺灣文學」占全書三分之二弱）；

黃重添、徐學、朱雙一合著《臺灣新文學概觀（下冊）》（一九九一）；

劉登翰、莊明萱、黃重添、林承璜主編的《臺灣文學史（上卷）》（一九九一）；

王晉民主編《臺灣當代文學史》（一九九四）；

古遠清《臺灣當代文學理論批評史》（一九九四）；

田本相主編《臺灣現代戲劇概況》（一九九六）。

論文集有：

《臺灣香港與海外華文文學論文選——第三屆全國臺港與海外華文文學學術討論會》（一九八

八）；

古繼堂《靜聽那心底的旋律——臺灣文學論》（一九八九）、《臺灣愛情文學論》（一九九四）；

福建省臺灣研究會等單位《臺灣文學的走向》（一九九〇）；

黃重添《臺灣長篇小說論》（一九九〇）；

上海復旦大學臺港文化研究所選編《臺灣香港暨海外華文文學論文選——第四屆全國臺灣香港暨海外華文文學學術研討會》（一九九〇）；

鄒建軍《臺港現代詩論十二家》（一九九一）；

粟多桂《臺灣抗日作家作品論》（一九九一）；

古繼堂、黎湘萍等著《臺灣地區文學透視》（一九九一）；

王劍叢、汪景壽、楊正犁、蔣朗朗編著《臺灣香港文學研究述論》（一九九一）；

古遠清《海峽兩岸詩論新潮》（一九九二）；

王淑秧《海峽兩岸小說論評》（一九九二）；

趙朕《臺灣與中國大陸小說比較論》（一九九二）；

陸士清《臺灣文學新論》（一九九三）；

王震亞《臺灣小說二十家》（一九九三）；

《臺灣香港澳門暨海外華文文學論文選——第五屆臺灣香港澳門暨海外華文文學國際學術研討會》（一九九三）；

劉登翰《文學薪火的傳承與變異——臺灣文學論集》（一九九四）；

林承璜《臺灣香港文學評論集》（一九九四）；

王常新《臺灣詩人作品透視》（一九九四）；

潘亞暾等著《海外奇葩——海外華文文學論文集》（一九九四）；

王宗法《臺灣文學觀察》（一九九四）；

公仲、江冰主編《走向新世紀——第六屆世界華文文學國際研討會論文》（一九九四）；

莊若江、楊大中《臺灣女作家散文論稿》（一九九四）；

徐學《臺灣當代散文綜論》（一九九四）；

楊匡漢主編《揚子江與阿里山的對話——海峽兩岸文學比較》（一九九五）；

劉登翰《臺灣文學隔海觀》（一九九五）；

方忠《臺灣散文四十家》（一九九五）；

《世界華文文學的多元審視——第十屆世界華文文學國際學術討論會論文集》（一九九六）；

古繼堂《臺灣青年詩人論》（一九九六）；

田銳生《臺灣文學主流》（一九九六）；

陳遼主編《趙淑敏作品國際研討會論文集》（一九九六）；《世紀之交的世界華文文學——第八屆世界華文文學國際研討會論文選》（一九九六）；

劉登翰、朱雙一合著《彼岸的繆斯——臺灣詩歌論》（一九九六）；

樊洛平《臺灣女作家的大陸衝擊波》（一九九七）；

古遠清《臺港澳文壇風暴線》（一九九七）；

曹惠民《多元共生的華文文學》（一九九七）；

湯學晉、楊匡漢等著《臺灣地區文學透視》（一九九八）；

饒芃子、費勇《本土以外——論邊緣的現代漢語文學》（一九九八）；

陳遼、曹惠民主編《百年中華文學史論》（一九九九）；

黃萬華《文學轉換中的世界華文文學》（一九九九）；《走向二十一世紀的世界華文文學》（一九九九）；

朱雙一《近二十年臺灣文學流脈——「戰後新世代」文學論》（一九九九）；

趙遐秋主編《臺灣鄉土八大家》（一九九九）；

黃樹紅《臺港澳文學新探》（二〇〇〇）；

公仲主編《世界華文文學概要》（二〇〇〇）；

方忠《臺灣通俗文學論稿》（二〇〇〇）；

丁帆等著《中國大陸與臺灣鄉土小說比較史論》（二〇〇一）；

安興本《衝突的臺灣》（二〇〇一）；

趙遐秋、曾慶瑞《「文學臺獨」面面觀》（二〇〇二）等。

另有林語堂、梁實秋、古龍、高陽、無名氏、聶華苓、於梨華、林海音、蓉子、三毛、柏楊、白先勇、洛夫等人的傳記；瓊瑤、柏楊、杜國清、羅門、蓉子、陳映眞、古龍、高陽等人的作品論等。

另有七部工具書：

徐迺翔主編《臺灣新文學辭典》（一九八九）；
陳遼主編《臺灣港澳與海外華文文學辭典》（一九九〇）；
王晉民主編《臺灣文學家辭典》（一九九一）；
王景山主編《臺港澳暨海外華文作家辭典》（一九九二）；
古繼堂主編《臺灣港澳暨海外華文新詩文辭典》（一九九四）；
張超主編《臺港澳及海外華人作家詞典》（一九九四）；
秦牧等主編《臺港澳暨海外華文文學大辭典》（一九九八）。

結論

中國大陸的臺灣文學研究者對於臺灣文學界有人認爲他們「研究臺灣文學的熱心，是出於政府支使的統戰行爲，純屬爲政治效勞」，非常不能苟同。（白舒榮，一九九九：頁九）但也有學者不否認「政治曾經是推動臺灣文學的一個動力；但政治也使臺灣文學蒙上一種神秘的色彩。潛在的政治意蘊使最初的研究所觀照的，大多是作爲政治現象或政治層面的文學；然而，臺灣文學遠遠不只僅

有這一層面。」（劉登翰，二〇〇〇：頁八九）其實，從一些研究者的自述或小傳中，可以歸納出投入此一研究領域的幾種類型。

一類是早期接受海關委託，協助審查和清理從海外寄來的書刊，進而選定臺港文學爲研究方向。這一類的研究者有福建社會科學院文學所的包恆新、張默芸和劉登翰等人。

一類是從大陸的刊物上被臺灣文學所吸引，掀起一股臺灣文學研究熱潮。廣東、上海、北京、福建不少研究者屬於此類型。

一類是因與臺灣的淵源而投入此一領域。如福建省人民政府副省長汪毅夫，係臺灣臺南人，其曾祖父汪春源是「臺南四進士」之一。他在先輩的愛國詩文感召下，以臺灣近代文學爲主要研究方向。

一類是出版社、雜誌社的出版工作者，因職務之便，編印出版有關臺灣文學的書刊，進而成爲研究者。如：原福州海峽文藝出版社編輯室主任林承璜、《臺港文學選刊》主編楊際嵐、《世界華文文學》雜誌社社長白舒榮等。

一類是任教於僑校（如廣州暨南大學、泉州華僑大學）的學者，因與僑界的聯繫密切，或學校設有東南亞研究所，轉而關注海外華文文學，如暨南大學中文系教授饒芃子，廣州中山大學中文系教授張國培，暨南大學臺港暨海外華文文學研究中心主任潘亞暾等人皆是。

中國大陸的臺灣文學研究環境，初期只能以「因陋就簡」來形容，許多研究者，必須耗費很多時間在研究資料的徵集、建置、購藏上。以中國社會科學院文學研究所研究員古繼堂爲例，他收藏了兩千餘冊臺灣圖書，許多書上都有作者饋贈的簽名，這些書擺放在十四平方米（約四坪）的書房，他們夫婦住八平方米（約三坪）的小房間，「在這種擁擠的環境裡，寧可委屈人，而不委屈書。」古繼堂還蒐集臺灣和海外作家的研究檔案，約六、七百個，隨時追蹤增補。所以他曾說過：「研究工作首先應從蒐集資料入手，沒有資料，買空賣空，那是商行的經紀人。在占有豐富資料的基礎上，深入思索，進行理論昇華，得出結論，才是完整的研究過程。那種拼貼式的研究，是很難進入對象的核心的。」（楊月，二〇〇二：頁一〇七～一〇八）在臺灣文學研究領域，古繼堂先後完成了頗具份量的論著：《臺灣新詩發展史》、《臺灣小說發展史》、《臺灣新文學理論批評史》、《臺灣青年詩人論》等，還主編《臺港澳暨海外華人新詩大辭典》。雖然臺灣文學界對他有正負面兩極的評價，但對古繼堂獨力完成臺灣文學論著的投入精神，以及將臺灣文學介紹給中國大陸的讀者這一點來考量，陳映眞稱之爲中國大陸「臺灣文學研究重鎭」，似乎也有一定的道理。

一九九三年六月，由香港嶺南學院現代中文文學研究中心和廣州暨南大學中文系聯合舉辦的

「華文文學研究機構聯席會議」在廣州召開。福建省臺港暨海外華文文學研究會會長劉登翰提到：臺灣文學是一個剛剛開始的新領域，大家幾乎是在毫無準備的情況下被推入這一研究領域的，「是研究對象來選擇研究者，而不是研究者去選擇研究對象，其所受的局限可想而知。」

劉登翰對八〇年代後期，中國大陸學界出現了一個編撰文學史（或類文學史）和文學辭典的熱潮，有過省思。他認爲這些文學史論著及辭典，「大多是爲滿足讀者對自己尚屬陌生的文學現象而提供的一份概貌性的初級讀物，而非是在深入的個案研究基礎上所形成的對於規律性的深刻探討和總結，不必有過苛的要求和過高的學術期待。……這類文學史的出現是我們走向成熟的必經途徑，也是我們尚未成熟的標誌。」「在完成了這一階段之後，我以爲應當強調在宏觀視野中的微觀研究，運用歷史的方法、美學的方法、比較的方法，或什麼新的研究方法都好，首先把我們面對的文本，吃深吃透，對各種思潮、流派、社團、作家，有較好的剖析。」（劉登翰，一九九三：頁四～五）

一九九八年三月，《世界華文文學論壇》編發了〈關於本學科建設的一些思考〉，廈門大學臺灣研究所研究員朱雙一在〈從文風差異談海峽兩岸臺灣文學研究界的取長補短〉文中，談及兩岸臺灣文學研究界的關係，其意見可以供臺灣學術界參考：

一、兩岸文評界常說：「搞港臺文學的都不是一流學者」，朱雙一將它作爲一種激勵和鞭策。

二、朱雙一承認臺灣文學由臺灣學者來研究，自然合適，但如果說臺灣文學只能靠臺灣學者來研究，則不盡然。就像北京、上海文學未必全靠當地學者來研究一樣，更何況「旁觀者清」。他認爲：兩岸研究界存在某種互補的關係，重要的是要認清彼此的長處和短處、優點和缺點，這是兩岸學界取長補短、互補共進的前提。

三、中國大陸的臺灣文學研究欠缺嚴格的學術規範；而臺灣的文學批評多屬微觀研究的範疇；中國大陸的臺灣文學批評，較多屬宏觀研究的範疇。臺灣學界看這種宏觀研究的文章，常常會覺得比較空泛，特別是「缺乏眞正能觸及詩心文心的藝術分析」。朱雙一檢討其原因提出：「大陸學者普遍缺乏『新批評』的訓練，如果能夠補補這方面的課，或至少有意識地加強一下這方面的技能，對提升我們藝術分析的水平，是必要的和有益的。」

四、臺灣慣於微觀研究也有其短。能夠緊緊扣住社會文化脈搏的跳動，注意從文學現象中總結出帶規律性的文章，在臺灣還不多見。「其研究文字，資料不可謂不多，注釋不可謂不詳，但常缺乏鮮明的觀點和精闢的論證。臺灣至今尚無嚴格意義的臺灣『文學史』著作的出現，甚至在可預見的將來，可能也還難以出現。」他的預言，已被政治大學中文系教授

陳芳明在《聯合文學》上連載的〈臺灣新文學史〉打破。

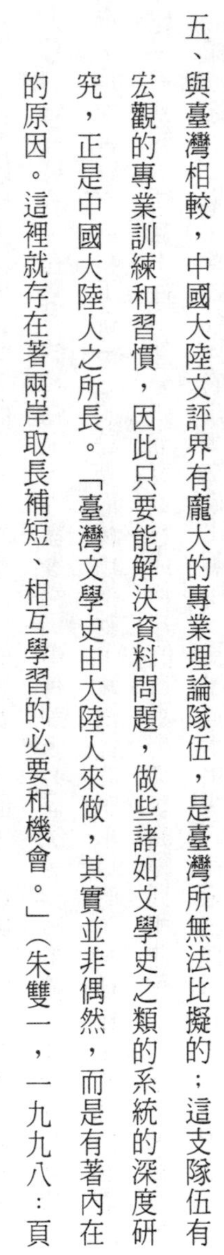
五、與臺灣相較，中國大陸文評界有龐大的專業理論隊伍，是臺灣所無法比擬的；這支隊伍有宏觀的專業訓練和習慣，因此只要能解決資料問題，做些諸如文學史之類的系統的深度研究，正是中國大陸人之所長。「臺灣文學史由大陸人來做，其實並非偶然，而是有著內在的原因。這裡就存在著兩岸取長補短、相互學習的必要和機會。」（朱雙一，一九九八：頁二六～二七）

中國大陸的臺灣文學研究，從起步到深入發展，與大專院校開設「臺灣文學」這門課程有密不可分的關係，中國大陸學者的研究專著、選編加評介的著作，都是作爲這門專題課程的教材。目前，中國大陸學者研究臺灣文學，難免有一些歷史遺留下來的局限，其中之一是：經常遇到資料嚴重缺乏的困難，另外常會爲難以見到的原書原刊，或無法覈實某些史料而苦惱、困惑。其次，中國大陸研究者對臺灣社會歷史與現狀缺乏了解，在難以充分把握研究對象的情況下，充分自由的學術研究就不太容易做到。其他因素還包括：圖書資料與研究經費（特別是外匯）的不足，某些非學術因素的干擾，研究隊伍中學術水準不高，文學觀念和研究方法及學風上的一些問題。因此臺灣相關的研究單位應盡量協助中國大陸的臺灣文學研究者來臺短期研究，與作家、學者對話、交流，促成雙方深層的理解。

臺灣文學能夠在十餘年的時間，深獲中國大陸讀者、研究者的喜愛和重視，除了拜「政治」之賜外，多少也靠著本身優勢條件和獨具的文學魅力。相較之下，中國大陸文學在臺灣，除了捧紅阿城、張賢亮、蘇曉康、莫言、蘇童、余華、王安憶、余秋雨、陳丹燕、二月河等少數幾位作家外，多數描寫「中國大陸經驗」的作品都引不起臺灣讀者的興趣，也未得到文學評論家較多的青睞。臺灣對中國大陸當代文學的研究，至今祇能算是起步階段，仍有相當大的發展空間，就看如何將散兵組織成一支專業的研究隊伍，交出一張漂亮的成績單。

八〇年代在兩岸因緣際會開展的這一場文學研究的競賽，表面上，中國大陸以其龐大的研究隊伍，大量的研究專著，在雙方的較勁上，占盡優勢，事實卻未必盡然。一來中國大陸部分的臺灣文學研究，是配合官方「和平統一」的論調而積極推動，政治性的訴求目的，常模糊了研究的意義，未能建立完整的學術自主性；部分研究者刻意或無知的對臺灣文學的壓抑和曲解，凸顯了唯官方是從的靠攏心態。二來在各式各樣的臺灣文學專著中，爲了追求出版利益或其他目的，常有拼貼二手資料，斷章取義，以政治扭曲文學的缺失。三是大陸學者在臺灣報刊上刊登的臺灣文學研究文章，常有流於人情應酬的溢美之辭，對了解、評價臺灣文學帶來負面的影響。我們應積極、主動地去檢視這些專著論文中存在的問題，對中國大陸學者的研究成績作全盤的評估、檢討，以免良莠不齊的論述文字，混淆了兩岸人民對臺灣文學的正確認知。我們不否認中國大陸擁有許多勤奮治學的研究者，但唯有徹底擺脫思想上的框框條條，建立開闊的研究心胸，才能實事求是，眞正認識臺灣文學耀眼的價值。

參考書目

王龍（一九九七）：〈反省過去著眼未來——「世紀之交的臺港澳暨海外華文文學研究」青年學者座談會綜述〉，《臺港與海外華文文學評論和研究》第二期。六月。頁七六～七七、七八。

公仲、江冰（一九九四）：〈海外華文文學中的文化傳統問題研究論綱〉，《走向新世紀——第六屆世界華文文學國際研討會論文集》，北京：人民文學出版社。頁四六～五九。

白舒榮（一九九九）：〈臺灣文學研究在大陸〉，《世界華文文學論壇》第四期。十二月。頁九～一二。

古遠清（一九九三）：〈為中華文化的整合創造條件〉，《華文文學研究機構聯席會議論文集》，香港：嶺南學院現代中文文學研究中心編印。十一月。頁八～一〇。

朱文華（一九九〇）：〈領域拓寬．方法更新．水平提高〉，收於《臺灣香港暨海外華文文學論文選——第四屆全國臺灣香港暨海外華文文學學術研討會》，福州：海峽文藝出版社。頁三九〇～三九五。

朱雙一（一九九八）：〈關於本學科的一些思考〉，《世界華文文學論壇》第一期。三月。頁二五～二九。

杜國清（一九九六）：〈世界華文文學研究方法試論〉，《世紀之交的世界華文文學——第八屆世界華文文學國際研討會論文選》，《臺港與海外華文文學評論和研究》增刊。九月。頁四七～五〇。

施建偉（二〇〇二）：〈我和世界華文文學：「發展是硬道理」——三個研究所的創業經歷〉，《我與世界華文文學》，香港：香港昆侖製作公司。頁一四九～一六〇。

翁光宇（一九八三）：〈臺灣香港文學學術討論會紀要〉，收於《臺灣香港文學論文選——首屆臺灣香港文學學術討論會專輯》，福州：福建人民出版社。頁二六七～二七三。

許翼心（一九九〇）：〈臺灣香港與海外華文文學研究的回顧與前瞻〉，收於《臺灣香港暨海外華文文學論文選——第四屆全國臺灣香港暨海外華文文學學術研討會》，福州：海峽文藝出版社。頁一～九。

梅子（一九八五）：〈木棉花開時節的盛會〉，收於《臺灣香港文學論文選——全國第二次臺灣香港文學學術討論會專輯》，福州：海峽文藝出版社。頁三一八～三一九。

陳馬林（一九九七）：〈第九屆世界華文文學國際研討會述要〉，《臺港文學選刊》第十二期。頁四六～四七。

陳曉暉（一九九九）：〈執著與超越——第十屆世界華文文學國際研討會綜述〉，《世界華文文學論壇》第四期。頁二五～二七。

陳實（一九九三）：〈華文文學研究的新階段「第五屆臺港澳暨海外華文文學國際學術研討會」綜述〉，收於《臺灣香港澳門暨海外華文文學論文選——第五屆臺灣香港澳門暨海外華文文學國際學術研討會》，福州：海峽文藝出版社。頁四四〇～四五一。

遠林（二〇〇二）：〈詩學研究．文化視角．史料建設——「第二屆世界華文文學中青年學者論壇」綜述〉，《世界華文文學論壇》第一期。三月。頁一六～一八。

楊月（二〇〇二）：〈臺灣文學研究的重鎮——古繼堂專訪〉，《我與世界華文文學》，香港：香港昆侖製作公司。三月。頁一〇七～一一一。

劉俊（二〇〇〇）：〈臺灣文學研究在中國大陸：一九七九～二〇〇〇以「人大複印資料」爲視角〉，臺北「兩岸文學發展研討會」論文。頁一～一二。

劉登翰（一九九三）：〈在華文文學研究機構聯席會議上的發言〉，《華文文學研究機構聯席會議論文集》，香港：嶺南學院現代中文文學研究中心編印。十一月。頁三～七。

劉登翰（一九九四）：〈當代中國文學的分流與整合〉，收於公仲、江冰主編《走向新世紀——第六屆世界華文文學國際研討會論文集》，北京：人民文學出版社。頁一八～二九。

劉華（二〇〇一）：〈千禧年的盛會——第十一屆世界華文文學國際研討會暨第二屆海內外潮人作家作品國際研討會綜述〉，《世界華文文學論壇》第一期。三月。頁七四～七六。

饒芃子（二〇〇二）：〈大陸海外華文文學研究概況〉，《世界華文文學論壇》第一期。三月。頁八～一〇。

兩岸合作進軍華文出版市場之探討

二〇〇二年一月中旬，大陸加入世界貿易組織（WTO）後的首次全國新聞出版（版權）局長會議在北京召開。中共「新聞出版總署」署長石宗源分析了新聞出版業面臨的壓力，其中包括：人民群眾多方面、多層次的閱讀和視聽需求明顯增長；入世後出版物分銷服務逐步放開，國際競爭進入大陸市場；高新技術在新聞出版領域的廣泛運用，給傳統出版狀態下形成的出版管理以巨大挑戰；轉變職能，加強監管，要求管理體制進行適應性調整等。這些改革的壓力，逼使中國大陸調整出版戰略，逐漸鬆開管理的手段，厚植競爭實力。

後WTO時代大陸出版業的變革

文化產業政策與十六大推動出版改革

大陸自改革開放二十年以來，文化產業的發展經歷了以「文化事業」爲基本特徵的初期發展階段，以「事業單位，企業管理」爲基本特徵的探索發展階段，直到目前正處在「發展」、「轉型」、「入世」三大任務並存，全面融入國民經濟發展總體戰略的階段。二○○○年十月，中共十五大通過的「十五」規劃的建議，首度提出要推動有關文化產業發展；翌年三月，這一建議爲九屆人大四次會議所採納，並正式納入全國「十五」規劃綱要。

文化產業的興起，是經濟發展和社會進步的象徵，也是產業結構開始出現重大調整的訊息。根據統計，二○○○年上海人均國內生產總值（GDP）已經突破四千美元，二○○一年更達四千五百美元。二○○一年，廣州人均國內生產總值突破四千美元，北京市人均國內生產總值突破三千美元。有關研究顯示，人均收入超過三千美元以上，社會對文化需求將會進一步擴大。預計到二○○

五年，大陸文化產業消費市場規模將達到近七百億美元。

中共十六大爲出版業是文化產業定了調，並將出版業列爲國民經濟支柱產業，也爲「出版是事業」解套。十六大文件中，有三個「一切」，即「一切妨礙發展的思想觀念都要堅決衝破，一切束縛發展的作法和規定都要堅決改變，一切影響發展的體制弊端都要堅決革除」。這三個「一切」的護身符，爲大陸出版業提供了改革和創新的動力，民營資本蓄勢待發，準備全方位投資出版各個環節。

政策面的調整與戰略布局

入世後，中共「中宣部」、「廣電總局」、「新聞出版總署」，在深入調研的基礎上，提出傳媒業發展的新方略。在書報刊方面，是以提高新聞出版業的整體素質和競爭能力爲目標，近期的主要任務，一是積極推進集團化建設，組建一批主業突出、品牌、能力強的大型集團，藉以調整產業結構，形成新型的市場競爭。二是以集團爲龍頭，積極組建書報刊連鎖營銷系統、物流配送系統，在北京、上海、廣東等地建立若干全國性或區域性的出版物配送中心。三是促進數位化、網絡化發展，推進產業升級。

加入WTO後，大陸承諾一年後開放部分分銷市場；第三年開放批發市場；五年後對新聞出版

物分銷企業在數量、範圍、股權方面不再進行限制。根據新修訂的二〇〇二年一月一日生效的「出版管理條例」規定：允許設立從事圖書、報紙、期刊分銷業務的中外合資經營企業、中外合作經營企業、外資企業。該條例對出版物的進口也作出了規定，明確了設立出版物進出口經營單位的基本條件，擴大了進口渠道。

二〇〇三年初，中共「新聞出版總署」石宗源署長在〈加入WTO與新聞出版業的應對工作〉一文中提到出版業分銷開放的具體內容；二〇〇三年三月十七日，中共「新聞出版總署」、「對外貿易經濟合作部」聯合頒發第十八號令「外商投資圖書、報紙、期刊分銷企業管理辦法」，並自五月一日起施行，此舉意謂：外國投資者將獲准在大陸從事書報刊的零售企業。臺港澳投資者亦適合此一「管理辦法」。

根據「管理辦法」，外商投資者可以採取中外合資、中外合作、獨資、參股或併購方式設立書報刊分銷企業；外商投資書報刊企業在選址定點時，應當符合城市規劃的要求，對外商投資書報刊分銷企業的條件，亦有具體的規定，包括設立零售企業註冊資金不少於五百萬元人民幣，設立批發企業註冊資金不少於三千萬元人民幣。外商投資書報刊批發企業的規定，將於二〇〇四年十二月一日起施行。

入世後大陸出版業概況

根據中共「新聞出版總署」信息中心統計，二〇〇二年全國共出版圖書一七、八八八〇種（二〇〇一年出版一五四、五二六種），其中新版書九九、九五九種（二〇〇一年出版九一、四一六種），重版、重印圖書七八、九二一種（二〇〇一年爲六三、一一〇種）。總印數六十七・五億冊（二〇〇一年爲六十三・一億冊）；總印張四八八・八億印張（二〇〇一年爲四〇六・〇八億印張）。與二〇〇一年相比，總品種增長百分之十二，新版書品種增長百分之十二・七，重版、重印書品種增長百分之十一・二，總印數增長百分之六・五，總印張增長百分之十三・七。二〇〇一年全國圖書銷售金額爲四〇八・四九億元人民幣。圖書銷售金額反映了圖書市場的規模，出版總印張反映了出版的規模，這些書業標誌性的指標，是大陸出版業近幾年改革、調整取得的成果。

根據中共「國家統計局」公布的《二〇〇二年國民經濟和社會發展統計公報》，二〇〇二年全國人均購書五・三冊（二〇〇一年爲五・四三冊），三二・〇一元人民幣；人均雜誌消費量爲二・三冊。從二〇〇〇年以來，人均購書量呈逐年下降，購書額卻同比增長。

截至二〇〇二年年末，全國圖書庫存三八・八億冊，總碼洋（總定價）三四一・四億元人民幣

（二〇〇一年末爲三五・五四億冊，二九七・五八億元人民幣）。其中，國家一級出版社庫存占到一半多，地方出版社相對較少些，據統計，每家出版社積壓的資金平均在一千萬至三千萬元人民幣之間。

二〇〇二年中國企業五百強報告顯示，有三十一家新聞出版集團進入五百強；從資產利潤率的排行上看，有二十家進入前五十名，最好的名次是第六、八、九名；從人均利率的排行上看，十五家排在前二百名。這些報告顯示大陸的出版開始走向產業化。

二十世紀九〇年代以來華文出版市場的整合

二十世紀八〇年代末，兩岸三地出版交流的腳步逐漸邁開。一九八七年臺灣宣布解除戒嚴後，業者已迫不及待赴大陸接洽合作；一九八八年起，滬港出版年會在大陸、香港輪流召開，由兩地出版領導人共聚一堂「研究出版，交流經驗，洽談合作」。一至五屆年會的討論主題分別是：中文圖書怎樣走向世界；九〇年代中文出版趨勢；出版的個性與創意；電腦科技與出版；中文出版與世界出版。這些主題緊扣時代發展走向，直到今日仍然是出版界聚焦的話題。

從分裂中彼此滲透

從第一屆滬港出版年會發表的論文裡，就可感受到：臺灣業者赴大陸接洽合作，爲八〇年代中期開展的滬港合作帶來衝擊，也將華文出版市場原先各自發展的局面重新洗牌。誠如上海出版人巢峰所說：「由於臺灣的版稅率和印數均稍高於香港，內地出版社受惠較大，故願意多與臺灣方面合作，這勢必影響到與香港的合作。」當時被視爲合作出版成功的範式爲：上海辭書出版社與臺灣遠流出版公司、香港中華書局合作出版《辭海》，港臺繁體字版的文字修改由兩地共同進行，上海辭書社終審，然後製成兩套底片，交由遠流及香港中華在臺港兩地各自發行。

香港出版人並不認同這種合作模式，對大陸出版社分割香港、東南亞、臺灣市場的作法表示了不同的看法。香港出版人鍾潔雄指出：「事實上，香港方面對合作出版物，以往是考慮了其他地區的銷售和合作的，因爲香港市場太小，藉此作彌補。倘分割市場，彌補條件失去了，而臺灣出版物通過不同渠道返銷香港，對港版造成影響。」其實兩岸三地業者都在爭取最有利的合作條件，而臺港市場較小，雙方除了本土市場，都希望發行遍及大陸以外的華文市場，如星馬、北美等地區。早期臺灣業者受限於「第三地第三者仲介授權原則」，香港扮演兩岸出版的仲介角色，尚有揮灑的空間，但在臺灣開放大陸探親及仲介授權規定取消後，業者直接赴大陸洽談版權及出版合作，香港等地區的仲介作用日漸萎縮，開啓了三地業者發展分工合作，共同投資的模式。

九〇年代初幾個華文地區的版權保護法的確立，爲出版合作提供了契機。先是一九九〇年六月七日，香港政府頒布了一九九〇年版權令，將臺灣作品也列入保護範圍，此令於八月一日生效；九月七日，中共全國人大第十五次會議正式通過了中共「著作權法」，並自一九九一年六月一日開始實施；十月二日，新加坡、馬來西亞開始實施一九九〇年版權（修正）法，並同時成爲伯恩公約的成員國；臺灣也在一九九二年六月十二日開始實施經過大幅修訂的新著作權法。各地區加強版權保護，雖無法完全遏止猖獗的盜版歪風，但已爲華文出版由分裂到整合，營造了有利的氛圍。

資源整合，互惠互利

一九九〇年二月，臺北出刊的《出版情報》，刊登詹宏志的〈九〇年代的讀書圖像——一個出版人的札記〉，首度提出華文出版世界走向整合的簡單描述：「九〇年代一個重要的出版特徵，將是中文讀書世界從分裂中再度彼此滲透。」他指出：「有一個編輯構思（出版構想），寫作本源（學術人力資源）爲從所有使用中文寫作人口上去考慮，不管他身在臺灣、香港、大陸、海外。」香港出版

人陳萬雄在一九九〇年十月於深圳召開的第二屆滬港出版年會中引用了詹宏志的看法，並做了補充。他認爲三地華文出版的整合工作，植基於八〇年代三地出版業的勃興。進入九〇年代，港臺兩地出版業的兩大趨向：一是集團化和企業化；一是專業化；「促使兩地出版編輯業，營銷力量不斷要求開拓，開拓必須跳出本身市場和固有市場的局限」，因而加速了華文出版世界的整合。整合的目的，主要在於將三地整體文化資源、資金、人才、印刷技術作有效的運用，減少分散的損耗；也可以促進三地文化整合，豐富文化的內涵，促進文化發展。另外，從三地讀者分眾化的傾向考量，如何扭轉書種多印數少的現象，正是三地市場走向整合最有利的條件。

自九〇年代初，兩岸互動式的交流活動頻繁展開，一九九〇年九月，由臺北市出版商業同業公會組團，第一次正式參加第三屆「北京國際圖書博覽會」；一九九一年五月，陝西省出版協會在西安舉辦「九一西安出版、版權貿易交流會」，爲兩岸的版權貿易揭開序幕。一九九三年十一月，在北京舉行規模浩大的「一九九三年臺灣圖書展覽」；一九九四年三月底在臺北舉行「一九九四年大陸圖書展覽」，兩項書展並配合舉辦「兩岸圖書出版合作研討會」，建立了兩岸圖書出版界交流合作的模式。一九九五年五月，三地出版行業組織在香港召開了「第一屆華文出版聯誼會議」，會議每年舉辦一次，三地輪流承辦，已成爲華文出版市場的「高峰論壇」。

在「華文出版市場」一體化的論述下，似乎一個「單一化的華文出版市場正在來臨」，陳萬雄、詹宏志不約而同地指出：三地市場將出現華文圖書市場一體化與地方性並行的局面，也即是說：各自有自己的市場，大家也可共同開拓一個共通的華文一體化市場。以當前華文出版爲例，蔡志忠、劉墉、張曼娟、蔡智恆、幾米、王文華、余秋雨、王安憶、二月河、金庸等人的作品，就普遍爲各華文地區的讀者接受，並在各地發行，其中亦不乏被翻譯爲外語版在世界各地流通。這些作品共同的特色，是具有原創性及個人獨特的風味。

一九九五年五月，「中國版協」主席宋木文率代表團來臺參訪，臺北出版人陸又雄在「兩岸出版合作研討會」上發表論文指出：只有匯集兩岸的文化與科技資源，才能相輔相成，也才會使彼此的出版事業互蒙其利。他舉出一些成功的實例，說明在兩岸三地一起編輯、製作、印刷，同時投向市場，是一種必然的趨勢。在三地分工的布局上，他理想中的模式是：大陸成爲出版製作中心。大陸有充足的專業編輯與優秀寫作人才，並能在約定的期限內完成，保障出版計畫的順利運作；大陸在印刷製作水準方面已大幅提升，可彌補臺灣印務人才不足的強烈需求。香港成爲發行中心。香港有最佳的地理、運輸環境，再加上累積了國際及華文地區發行的經驗，最適合展開全球性行銷網路布局。臺灣則成爲企劃中心。臺灣擁有豐富的出版資訊，並有長期與國際出版交手經驗；臺灣出版業者，具有卓越的選書力，統合串連的企劃力，以及設計精美的包裝力，並懂得滿足消費者的需求；臺灣的出版業者，具有強大的行銷力，尤具有市場規劃的能力，可以設計不同的版本，適應各地不同的需求，並發展出版業智慧財產權的邊際效應，結合不同行業，共同創造利潤。這位已殞落的出版菁英，語重心長地呼籲三地出版業者，把眼光向前看五年，乃至十年，把理念投向全球華文市場，甚至國際市場，才能提升思考，發展出版的層次，開創分工合作共榮共繁的新格局。

形成既合作又競爭的局勢

大陸自一九九二年參加國際版權公約以來，對引進國外版權不遺餘力，根據中共「新聞出版總署」辛廣偉的綜合分析，一九九〇至一九九九年十年間，引進版權超過二五七〇〇種，其中百分之八十是在後五年完成的。在九〇年代前期，大陸許多外國版權的引進十分倚重臺港，通常是臺港業者取得國際中文版權後，再轉授權大陸出簡體字版。近年來，大陸出版社透過在大陸及國外舉辦的國際書展，直接與國外出版社洽談版權或開展合作。以外語教學與研究社爲例，該社已由引進「成品」版權成功地過渡到購買「非成品」版權的合作模式，即由中方選擇市場，決定產品的內容與形式，對方參與配合，協助完成。近年來，大陸整體出版實力不斷提升，外匯管制適度鬆綁，購買國外版權經驗的不斷累積，兩岸在版權競爭的條件上，逐漸產生「主客易位」的排擠效應，大陸已成為臺灣競逐國際版權最大的競爭對手。

大陸引進的國外版權，九〇年代前五年以語言類、文藝類、生活類書籍為主；後五年則轉以學術類、財經類、科技類與電子類圖書為主，並引進了許多外國原版教育類圖書。近年已形成一批引進成果耀眼的出版社，如引進計算機類圖書的電子工業出版社、機械工業出版社、人民郵電出版社、清華大學出版社；文藝類圖書的譯林出版社、上海譯文出版社、作家出版社、灕江出版社；引進外語學習圖書的外語教學與研究出版社、上海外語教育出版社、外文出版社、商務印書館等。引進版權能力較強的是北京、江蘇、上海、廣西、遼寧、廣東、天津、吉林、陝西與湖南等省市。

廣西萬達版權代理公司總監吳呵融曾將大陸出版社對版權的經營水準分為三個層次：第一個層次，出版社僅以本國市場為著眼點，對原創作品只在國內或區域範圍進行利用。第二個層次既注重國內組稿，又有意識地把開發國外、境外的出版資源納入出版經營的範圍，積極進行版權貿易。目前，大陸有大約三分之一的出版社進入這一層次的經營。第三個層次：出版國際化。大陸在加入WTO後，大力實施「走出去」戰略，推動大陸出版品走向世界，雖然預估有一段漫長的過程，但這種決心不容低估，也勢必衝擊兩岸間既有的版權貿易。

國際出版界對兩岸的授權，已有相當清楚的認知，一本英國斯特林大學出版研究中心專爲中國讀者編寫的《國際出版原則與實踐》，特別提到「中國大陸內外的出版社都可能要求獲得全球中文版權，但重要的是必須弄清楚每個被授權方實際能覆蓋哪個市場，又如何覆蓋。」臺灣的出版社和版權代理以往常要求將大陸的版權也自動包括在合同內，但這本教材建議：「最好只授臺灣地區版權，而將向大陸的二次授權放在附錄裡，並做具體的規定。」在國外出版商精明的算計，以及大陸市場逐漸成熟的戰略考量下，兩岸要單獨獲取全球中文版權亦非易事，但兩岸爭取同一版權的雙方，如能事先達成合作協議，不哄抬版權費用，由一方以合理價位取得授權後，另一方獲得二次授權，再加上由雙方認可的譯者翻譯，由一方排版，出兩套底片，在兩地分別印行，在時間、費用、質量上都有所保障，並可節省成本。

兩岸出版業的合作空間分析

兩岸出版交流十多年來，累積了一些成果，往來的模式也從單純的版權貿易，發展成結合兩岸資源的長期合作關係。自一九八六年每兩年舉辦一次的北京國際圖書博覽會，每年舉辦的全國書市，以及各地圖書出版單位或「中國國際合作促進會」的對外合作出版洽談會，都成為洽談版權、展開合作出版的最佳場合。大陸出版界也常藉組團來臺參訪的機會，開拓版權業務，並伺機引進外國暢銷名著的簡體字版。

早期，大陸出版界的版權輸出，較多從政策面的角度去衡量，不太考慮經濟的收益。近年來已逐漸扭轉這種觀念，有些大社名社，基於印數不多，利潤不高，對授權本版書給臺港，已經沒有太強烈的意願，他們往來的對象已放眼國外著名的出版公司。大陸加入WTO後，鼓勵業者實施「走出去」戰略，積極開拓歐美國家市場，相對的也降低了與臺港往來的熱情。在臺灣即將開放大陸學術出版品進入銷售之際，勢必影響到行之有年的版權貿易，雙方的合作模式也有調整的必要。

大陸加入WTO後，逐步開放書報刊分銷領域，臺灣業者把握千載難逢的機會，或與大陸合資開設書店，或與港資合作共同進軍期刊分銷與廣告市場，華文出版版圖面臨重新洗牌，如何在這一波變革中，尋找戰略夥伴，擬定策略，掌握勝算，對業者是全新的挑戰。

與大陸出版發行集團的合作

九〇年代中期以後，中共「新聞出版署」提出「階段性轉移」的戰略性目標，其中由粗放型經營走向集約型經營是其重點，而集團化則被認爲是集約化經營的體現。中共十四屆三中全會後，建立現代企業制度成爲國有企業改革的新目標。中共十五大對發行業改革，提出了建立「以資本爲紐帶，通過市場形成具有競爭力的跨地區、跨行業、跨所有制和跨國經營的大企業集團」的要求。一九九八年三月，「新聞出版署」頒布「新聞出版業二〇〇〇年及二〇一〇年發展規劃」，具體描繪未來十年的發展藍圖，包括：推動組建出版、發行、印刷和報業集團，鼓吹並扶持跨地區、跨行業、跨所有，甚至是跨國經營的大型出版集團。截至二〇〇三年，大陸出版業現有各類集團約六十家，其中有二十三家出版發行集團。

大陸組建出版集團的目的，除了追求出版的規模效應，增強國有經濟在出版物市場上的控制能力，主要還在迎接加入WTO後可能出現的競爭與挑戰。上海世紀出版集團社長陳昕主張師法美國的出版模式，讓出版集團具有傳媒業、知識經濟和競爭的概念。陳昕對二十年來中外合資合作表達不滿意，因爲這些合資合作企業的外方合作者大多是外國的中小型企業，少有國外著名的大型媒體集團和出版集團，很難學到技術和管理經驗。但他也意識到加入WTO後，一旦允許海外大型集團進入大陸市場，他們會憑藉其規模、實力和經驗，迅速占領市場。或許是基於「與狼共舞」的危機意識，上海世紀出版集團以低成本擴張的方式，與臺灣秋雨物流組建了專業物流合資公司，於二〇〇一年十二月正式營運，其中不無借重臺灣經驗來累積與海外大型出版集團抗衡的本錢。

臺灣出版業者以中小型公司居多，向來又喜單打獨鬥，兩岸的交流合作始終停留在版權貿易階段，投資金額不大，大陸的出版集團對這種「小額貿易」逐漸提不起興趣。回顧歷史，除了臺灣的淑馨、敦煌曾與大陸百通科技集團有過共同出資和全面性的出版合作，以及包括大陸、香港、臺灣、新加坡、馬來西亞等五家商務印書館共同投資，在北京建立合資企業「商務印書館國際有限公司」，較少見其他大型個案出現。大陸出版集團期望臺灣業者的，包括：是否能引進臺灣出版資金；臺灣業者能否提供現有的出版行銷管理經驗，與國際市場行銷開發經驗；及能否參考借鏡臺灣出版業的多角化經營等等。

一九九七年十月，林訓民、陳信元共同主持的「大陸出版集團發展趨勢及影響」，曾提出：對大陸出版集團應以和諧相處，保持合作關係，必要時給予行銷協助，並分享與外國合作的經驗，希望進而取得進軍大陸出版市場的機會。在面對國際市場與國外出版集團的競爭時，則應採聯合陣線。臺灣出版業者應將大陸出版集團視爲合作夥伴、策略聯盟的對象，而非競爭對手，因爲大陸出版集團已不把臺灣業者當作競爭對象或對抗目標。

書報刊分銷領域的合資、合作

隨著大陸對WTO承諾條款的逐步履行，首先開放書報刊分銷領域（先零售，後批發），民營資本、外資企業可以合法進入，展開較爲公平的競爭。但從「外商投資圖書、報紙、期刊分銷企業管理辦法」，仍可感覺到預先設定的「門檻」，如對外商投資者限定爲有限責任公司或股份有限公司，排除外商個人單獨投資及以合夥企業形式設立。外商投資設立分銷企業的註冊資金，零售企業不得少於五百萬元人民幣，批發企業不得少於三千萬元人民幣。另根據新頒布的「外商投資產業指導目錄」規定，出版物的總批發業務僅能由國有獨資或國有資金控股的發行企業經營。在出版進口方面，亦規定由國家批准的進出口公司經營，其中報紙、期刊的進口，不准其他公司和個人經營。臺灣業者在大陸設立書店，如要販售臺港版書及外文進口書，還得透過圖書進出口公司之手。

其實，德國貝塔斯曼傳媒集團早在一九九七年，就以讀者俱樂部形式進入大陸圖書分銷市場；一九九五～一九九七年，香港聯合出版集團以不同的方式，先後在廣東、南京、北京，與當地出版企業合資辦書店，從事批發和零售業務。近一年來，中港臺資金合作進入分銷領域的消息，時有所聞，如香港泛華集團與《人民日報》合作，成立一家合資發行公司；香港陽光文化娛樂公司購入大

陸京文娛樂公司百分之百股權，成立「陽光出版及分銷集團」，跨入音像、圖書、電子出版品分銷領域，並購買臺灣汗音公司百分之五十五的股權，跨進臺灣出版物分銷市場；香港TOM.COM與北京三聯書店成立合資企業，負責三聯四種期刊的發行以及廣告代理業務，後來又與電腦報集團成立合資企業，負責產品的廣告和發行業務，TOM.COM又整合臺灣的出版業務，宣布成立城邦出版集團，該集團包括了Home Media Group、商業周刊和尖端出版等單位。相對的，歐美的資金至今猶持觀望的態度，主要的考量是零售的投資大、收益小，而較能一展長才，又有利潤的批發領域，則要等到二〇〇四年十二月以後才開放，外商的最終目標還是放在未開放的出版領域。

大陸書報刊分銷領域的競爭，一般預料兩年以後才會逐漸浮現，歐美資金不會急於介入零售環節。這塊空間的主要競爭者，將會在臺灣和香港的資本，但兩地的書業資本規模相對較小，很難發展出大型連鎖書店（外資連鎖家數亦有限定），再加上在大陸開書店，販售港臺及外文進口書，必須透過國家批准的進出口公司，獨資經營恐有一定的難處，唯有尋求合作或合資經營。

從資源整合到尋找戰略夥伴

目前兩岸三地主要出版合作方式，已由版權貿易逐步過渡到資源整合的階段。初期，大陸出版社通過臺港出版商來引介歐美等國家的版權，其中也包括三方互相購買翻譯權，以便縮短出版周期的合作。不過，現在國外的出版商已不輕易授權全球中文版，而對中文繁、簡體版分別授權。兩岸三地出版界人士曾不約而同呼籲，三地出版社應該聯合將全球中文版一次性談妥。由三方共同使用及分攤出版成本。立意雖佳，卻缺乏一套有效的執行機制，例如版權資訊的流通、互信基礎、談判人才與技巧等，都有待磨合。

接下來是三地互相引進對方的原創作品。臺港的生活勵志、文學、少兒類圖書，因貼近生活，受到大陸出版商的青睞，如蔡志忠、劉墉、痞子蔡、幾米等人，都是大陸書市暢銷榜的常客，深獲讀者喜愛；莫言、王安憶、余秋雨等大陸作家的作品亦獲臺灣讀者好評。大陸廣大的市場，為臺灣作家提供了另一個舞臺，但如何開拓，卻有待雙方密切配合。一九九四年，廣西灕江出版社剛推出劉墉的作品時，反應並不如預期。灕江出版社制定了詳細周密的宣傳計畫，從一九九六年到二〇〇〇年，邀請劉墉到北京、西安、成都、南京、上海、大連、廈門、深圳等幾十個城市做宣傳，並安排上電臺、電視臺及新聞媒體接受訪問，再配合表揚劉墉對希望工程的捐助，對青少年成長的關心等「事件行銷」，成功地讓劉墉作品的發行量穩步上升，在一九九九年末全國評選的一百種暢銷圖書排行榜占有二十二種，被譽為超級暢銷書作家。

單純的版權貿易已不能滿足各方的需求，兩岸三地需要更高層次的出版合作，即「四共」模式：共同策劃、共同投資、共擔風險、共享權益。更重要的是中文、外文同時成書，全世界發行。曾獲大陸第二屆國家圖書獎的《中國古建築大系》（共十卷），就由大陸中國建築工業出版社和臺灣光復書局合作出版發行近兩萬套，英文版國外發行兩千套。近年來大陸二十一世紀出版社與臺灣企鵝出版社、香港小樹苗出版社的合作，已形成戰略合作夥伴關係。他們發揮了優勢互補、戰略結盟、資源共享的最大效益，具體的合作包括：一、利用國際書展的機會三方互做產品推介；二、三方聯合購買版權，共同談下全球中文版權；三、三方共同策劃選題，分工合作，將其產品打入世界圖書市場。資源整合涉及出版流程的各個方面，包括作者資源、書稿資源、製作技術資源、通路流通資源、讀者資源等等，兩岸三方存在相當寬廣的合作空間。三方亦可考慮合資成立文學經紀公司，發掘華人創作人才，推向華文出版市場，甚至全世界。

小結：兩岸合作進軍世界華文出版市場

由於歷史、地理、文化、政治、經濟、科技等諸多因素的綜合作用和影響，世界上逐漸形成了以七種主要語言爲出版語言的市場，包括英語、法語、漢語、西班牙語、德語、俄語、阿拉伯語。英語是世界上最主要的出版語言，所以全球最大出版市場是英語圖書市場，據統計，全世界每年出版的圖書中，有四分之一是用英語出版的。法語是世界上位居第二的主要出版語言，全世界每年約有百分之七的圖書是用法語出版的。漢語（華文）是世界上位居第三的主要出版語言，大陸、臺灣、香港、澳門、新加坡、馬來西亞爲主要漢語出版國，每年用漢語出版的新書超過十二萬種。

世界華文出版市場的規模與經營現況

從人口分布來看，使用華文最多的是大陸地區，有十二億五千萬；第二是臺灣地區有二千三百萬；第三是港澳地區，合計約七百萬；第四是定居於歐美、東南亞及世界其他地區的華人或華商人數，約三千萬，其中半數爲東南亞華人。華人總數約爲十三億人，占世界人口的四分之一。上述市場的圖書銷售總值，大陸約五十億美元，臺灣推估爲十八億美元，港澳地區合計約五億美元，星馬美加等其他華人地區約一億多美元，總計七十四億美元，約占全球市場的十二分之一。其中，兩岸及港澳市場即占華文出版的百分之九十八以上。

新加坡自一九六五年宣告獨立後，實行兩種語文政策，以英文爲第一語文，母語（即華文、馬來文、談米爾文）爲第二語文。新加坡的語言政策，吸引衆多國際出版公司把地區總部、出版及分銷總部設立於此。新加坡閱讀的華文圖書，以烹飪、心理、勵志、生活保健、旅遊、風水、星相、命理、小說、財經類爲主，臺港作家吳若權、張曼娟、吳淡如、戴晨志、劉墉、亦舒、張小嫻都有一定支持者。四年前，新加坡開始出現華文讀書團體，目前已先後成立了十二個讀書會，其中八個讀書會在二〇〇一年攜手聯辦「世界書香日在獅城慶典活動」，期許大家「共同閱讀，一起成長」，對閱讀風氣的提升大有助益。

新加坡華人總人口約二四〇萬，馬來西亞華人總人口約六三〇萬，新馬華人人口總計約八七〇萬。華人人口數的多寡，能否正面推動圖書市場的提升，這還須視政治、經濟、傳統文化的結構而定。例如印尼在政治壓力下，華人全面被同化，一段長時間嚴禁華文書刊進口（直到近年才解禁），華人教育幾乎全面被摧毀，華文圖書市場幾無發展的空間。馬來西亞平均收入爲三千多美元，新加坡則高達二萬四千美元，在圖書購買力上，新加坡占優勢。

經營新馬市場，在圖書零售策略，宜以低價位爲主，因須迎戰來自大陸較低價位的書價。其次，新馬盜印風氣猖獗，港臺書首當其衝，因應之道，可考慮在當地設立分公司，印行簡體字版與臺灣同步出版；積極開展宣傳與行銷活動，多參與當地書展；發掘當地創作人才，返銷其他華文市場。

日本的華人人口約三十萬，諳華文的漢學家三萬人，華文是日本的第二外語，每年學漢語的多達幾十萬人。日本也是華文書刊的最大進口國，年進口約一六〇萬美元，進口主要類別有中國古籍、哲學、佛教、歷史、古典文學、藝術、繪畫、中醫中藥、古代科技、中國民俗、中國食譜、武術等。日本是出版大國，對圖書產品的包裝、製作、印刷裝幀的水準要求較高；其次，日本書刊市場實行的是行業統一價格制度，因此出口祇要找一家合作的夥伴，如東販、日販、講談社、小學館等即可，出售的價格宜統一。

北美、大洋洲的華人人口近三百萬，也是世界華文出版市場重要的一環，港臺出版業長期在此耕耘，近年來由於大陸移民增加，販賣大陸書刊的書店亦陸續加入戰場。

目前，世界華文出版市場仍存在一些問題：一、不同地區存在使用繁、簡體字的問題，若要兼顧，就要考慮同時推出兩種字體版本，推向各市場。二、華文出版的興衰，與各地政府對華文的態度與政策息息相關；三、跨國出版公司在華人地區的經營，也會對兩岸三地的經營者帶來一定的影響；四、是技術層面的問題，如須考慮製作本地化，本地人才培訓，市場整合的問題等。

兩岸出版業策略聯盟進軍世界市場

國際及大陸出版集團化的發展趨勢，已使以中小型規模為主的臺灣出版業在面對國際挑戰時逐漸力不從心。筆者在〈臺灣出版業二〇〇〇年營運策略〉（收入《出版人的對話——關於兩岸出版發行的論述》一書）文中，提出下列幾點淺見：

一、擴大產業規模，研究同業或異業策略聯盟的可行性。聯盟的方式包括：投資、授權、長期合作，或與其他企業之間建立關係等方式的組合。政府可以輔導一些已具集團形態的企業，發展為具有特色的跨國公司或跨媒體集團。

二、出版企業需要龐大的資金，除了尋求國內外其他產業挹注資金外，應加速推動輔導出版業上櫃、上市，導入大眾資金。出版業也可透過合併、策略聯盟等形式，變化體質，健全財務。

三、面對國際競爭時，涉外人才明顯不足，宜由政府相關部門、出版行業組織、出版教育單位及出版業界，盡速訂定人才培訓計畫。

四、爲因應兩岸目前分別採用繁簡體字的事實，臺灣業者可在大陸尋找協作出版社，以大陸出版社名義、書號，與臺灣同步出版，行銷大陸、星馬。在大陸開放出版市場後，可以考慮以合法的形式傳版在大陸印簡體字版。

五、兩岸十多年的出版交流過程中，發展成爲華文出版市場裡既合作又競爭的關係，並成爲國際出版公司覬覦的兩塊極具潛力的市場，面對外國出版勢力迅速向亞洲擴展，兩岸就整合華文出版的合作議題存在廣闊的空間，在出版的每一個環節均可考慮採策略聯盟，優勢互補，也可進一步思考，共同組建有中華特色的大型出版集團，立足亞洲放眼世界，開創兩岸出版新格局。

參考書目

專書

中國出版工作者協會（二〇〇二）：《中國出版年鑑（二〇〇二）》，北京：中國出版年鑑社。

辛廣偉（二〇〇一）：《版權貿易與華文出版》，石家莊：河北人民出版社。

江藍生、謝繩武主編（二〇〇二）：《二〇〇一～二〇〇二年：中國文化產業發展報告》，北京：社會科學文獻出版社。

本書編輯組編（一九九八）：《滬港出版年會論文集》，上海：學林出版社、香港：三聯書店（香港）有限公司。

陳昕（二〇〇〇）：《WTO與中國出版》，桂林：廣西師範大學出版社。

陳萬雄（二〇〇〇）：《歷史與文化的穿梭》，北京：中國社會科學出版社。

陳信元（一九九七）：《兩岸暨港澳出版事業的發展與整合》，臺北：文史哲出版社。

伊恩·麥高文（Ian Mcgowan）、詹姆士·邁考爾（James McCall）著（二〇〇〇），徐明強譯：《國際出版原則與實踐》，北京：中國書籍出版社。

天下文化策劃編輯（一九九九）：《出版人的對話——關於兩岸出版發行的論述》，臺北：天下遠見出版公司。

期刊

伍旭升（二〇〇三）：〈從版權合作到資源整合——談未來兩岸出版合作模式〉，《出版參考》。二月（上中旬合刊）。頁一。

宋迎秋（二〇〇二）：〈尋找兩岸三地間的資源共享——大陸與臺港出版合作方式探析〉，《中國圖書商報》。五月二十三日。

汪光譽（二〇〇〇）：〈中文圖書的海外營銷市場分析〉，《出版發行研究》第十一期。頁四三～四五。

孟非（一九九八）：〈關於二十一世紀中文出版走向世界的思考〉，《中國圖書評論》第十一期。頁四～八。

吳呵融（二〇〇〇）：〈版權貿易：出版經營的更高境界〉，《出版廣角》第五期。頁一二～一三。

張惠珍（二〇〇一）：〈「四共」模式——從版權貿易到成書貿易的飛躍〉，《中國圖書評論》第四期。頁一三～一五。

張曦娜（二〇〇三）：〈新加坡人看什麼華文書〉，《出版參考》。五月（上、中旬合刊）。頁二八。

張福海（二〇〇三）：〈圖書分銷改革政策走向〉，《中國圖書商報》。二月十四日。

魏志明（二〇〇一）：〈一項系統工程——灕江出版社圖書版權貿易散記〉，《出版廣角》第五期。頁四〇～四一。

出版與文學

——見證二十年海峽兩岸文化交流　　Cultural Map 19

著　　者／陳信元
出 版 者／揚智文化事業股份有限公司
發 行 人／葉忠賢
總 編 輯／林新倫
執行編輯／張何甄
登 記 證／局版北市業字第 1117 號
地　　址／台北市新生南路三段 88 號 5 樓之 6
電　　話／(02)2366-0309
傳　　真／(02)2366-0310
E-mail／service@ycrc.com.tw
網　　址／http://www.ycrc.com.tw
戶　　名／葉忠賢
郵撥帳號／19735365
印　　刷／偉勵彩色印刷股份有限公司
法律顧問／北辰著作權事務所　蕭雄淋律師
初版一刷／2004 年 4 月
定　　價／新台幣 300 元
ISBN／957-818-607-X

本書如有缺頁、破損、裝訂錯誤，請寄回更換。

版權所有　翻印必究

國家圖書館出版品預行編目資料

出版與文學：見證二十年海峽兩岸文化交流 / 陳信元著. -- 初版. -- 台北市：揚智文化, 2004[民 93]

面； 公分. -- （Cultural Map；19）

ISBN 957-818-607-X（平裝）

1. 出版業

487.7 93002203